E-Book inside.

Mit folgendem persönlichen Code können Sie die E-Book-Ausgabe dieses Buches downloaden.

```
2018s-iy6p5-
6r41w-2000m
```

Registrieren Sie sich unter
www.hanser-fachbuch.de/ebookinside
und nutzen Sie das E-Book
auf Ihrem Rechner*, Tablet-PC
und E-Book-Reader.

Der Download dieses Buches als E-Book unterliegt gesetzlichen Bestimmungen bzw. steuerrechtlichen Regelungen, die Sie unter www.hanser-fachbuch.de/ebookinside nachlesen können.
* Systemvoraussetzungen: Internet-Verbindung und Adobe® Reader®

Dana Arzani
JEDER KUNDE ZÄHLT!
*Kundenzentrierung einfach umsetzen.
Das Workbook.*

HANSER

© 2019 Carl Hanser Verlag, München
www.hanser-fachbuch.de

Print-ISBN: 978-3-446-45916-8
E-Book-ISBN: 978-3-446-45956-4
E-Pub-ISBN: 978-3-446-46158-1

Autorin:
Dana Arzani
DANA ARZANI Strategien für erfolgreichen Kundenkontakt
www.dana-arzani.de

Design:
Liane Welzenbach
Büro für Design & Visuelle Kommunikation
www.lianewelzenbach.de

Lektorat:
Damaris Kriegs

Druckerei und Bindung:
Friedrich Pustet GmbH & Co. KG, Regensburg

HINWEIS

Ein Workbook oder Ihr Workbook?
Ihr Workbook lebt von Ihren Notizen!
Nehmen Sie sich einen Stift, fangen Sie an, zu schreiben,
zu unterstreichen oder zu visualisieren. Arbeiten Sie damit.
Sooft Sie wollen. Sooft Sie können.
Am besten jeden Tag. Dafür ist es gedacht.
Machen Sie dieses Workbook zu Ihrem Workbook.

Exzellenz und Begeisterung kennen keine Geschlechter.
Deswegen steht „Kunde" für Kundinnen und Kunden gleichermaßen.
Genau wie „Mitarbeiter" für Mitarbeiterinnen und Mitarbeiter oder
„Führungskraft" für männliche oder weibliche Führungskräfte steht.

DIESES WORKBOOK GEHÖRT:

EINFÜHRUNG

Während meiner Zeit als Geschäftsführerin in einem mittelständischen Unternehmen hätte ich mir ein Buch gewünscht, das aus der Praxis für die Praxis geschrieben ist, mit konkreten Anleitungen und Tipps, wie man ein kundenorientiertes Unternehmen erfolgreich führt. Was ich stattdessen gefunden habe, waren jede Menge mehr oder weniger theoretische Fachbücher aus den einzelnen Disziplinen. Viele davon waren inhaltlich grandios. Aber ich konnte sie in meinem Unternehmen einfach nicht anwenden, weil sie zu kompliziert waren, zu theoretisch, die Umsetzung zu viele zeitliche und finanzielle Ressourcen gebunden hätte oder ich die Inhalte meinen Mitarbeitern schlichtweg nicht vermitteln konnte.

Also habe ich mich als junge Geschäftsführerin beherzt durch den unternehmerischen Alltag gearbeitet, so gut es eben ging. Mit allen Höhen und Tiefen. Mit dem, was ich wusste oder mühsam gelernt habe. Ich habe unzählige Trainings besucht. Verkaufstrainings, Servicetrainings und Trainings zur Mitarbeiterführung. Einiges davon haben wir im Unternehmen umgesetzt, ganz vieles nicht. Heute weiß ich auch, warum. 2011 habe ich die Seiten gewechselt und bin in die Beratungs- und Trainingsbranche eingestiegen. Ich habe eine Train-the-Trainer-Ausbildung und weitere Spezialausbildungen absolviert. Seitdem kümmere ich mich nur noch darum, in Unternehmen erfolgreichen Kundenkontakt zu gestalten.

Inzwischen habe ich viele Unternehmen unterschiedlichster Branchen von innen gesehen, ein paar Tausend Mitarbeiter trainiert, einige Hundert im Coaching on the Job im echten Arbeitsalltag begleitet und in der Umsetzung unterstützt. Außerdem habe ich mit vielen Unternehmern und Führungskräften diskutiert und Strategien entwickelt, wie wir den Kundenkontakt in ihren Unternehmen kundenzentrierter gestalten können. Aus der Summe der Erfahrungen heraus kann ich heute also ziemlich genau sagen, was Mitarbeiter, Unternehmen und Produkte brauchen, damit sie dem Kunden wirklich Nutzen stiften und auch vom Kunden als kundenorientiert oder, noch besser, begeisternd wahrgenommen werden. Was es braucht,

EINFÜHRUNG

dass das Thema Kunde im Unternehmen tatsächlich gelebt wird. Was Sie jetzt in Händen halten, ist das Buch, das ich mir damals gewünscht habe: ein praktischer Leitfaden mit direkt umsetzbaren Tipps, Ideen und Checklisten, mit dem Sie jeden Tag an Ihrem kundenzentrierten Unternehmen arbeiten können. Heute heißt das Ganze eben nicht mehr Leitfaden, sondern Workbook. Nicht nur in der Wortwahl haben sich die Zeiten gewandelt, auch in der Brisanz des Themas. Wettbewerbsdruck und Digitalisierung haben die Rahmenbedingungen geändert, sodass Kundenzentrierung in puncto Zukunftsfähigkeit eines Unternehmens heute mehr denn je ganz oben auf die Agenda der Geschäftsführung gehört.

Kundenzentrierung lebt vom Perspektivwechsel. Wir alle sind auch Konsumenten und haben schon viele freud- und leidvolle Kundensituationen erlebt. Um den Perspektivwechsel zu erleichtern, habe ich deswegen viele der geschilderten Kundenbeispiele aus dem Konsumentenbereich gewählt.
Sorgen Sie ab jetzt dafür, dass in Ihrem Unternehmen nicht nur die freudvollen Kundensituationen überwiegen, sondern die begeisternden! Jeder Kunde zählt! Lassen Sie uns eine neue Kundenwelt gestalten, in der die Arbeit allen Beteiligten richtig Spaß macht und Wert schafft.

Viel Spaß und viel Erfolg damit,
Ihre Dana Arzani

SO ARBEITEN SIE MIT DIESEM BUCH:

 Das sind die To-dos. Einige der Aufgaben sind zum Download verfügbar.

 Dieses Icon kennzeichnet besondere Hinweise, Merksätze und Kapitelzusammenfassungen

 Das Symbol heißt, diese Aufgabenvorlage steht für Sie zum Download und Ausdruck bereit.

 Unter dem angegebenen Link finden Sie weiterführende Infos.

INHALT

Einführung 6

01/ Kunden: Was wollen sie wirklich? 10
    1.1 Der König Kunde hat immer recht, oder? 17
    1.2 Die Kunden heute – unterschiedlich und doch gleich 24
    1.3 B2B oder B2C – am Ende zählt der Kontakt von Mensch zu Mensch 34

02/ Der Kunde im Zentrum: Was bringt's? 40
    2.1 Karten auf den Tisch – Zahlen, Daten, Fakten 46
    2.2 Ein Kunde, kein Kunde oder mein Kunde 56
    2.3 So lange kann eine Kundenbeziehung sein 62

03/ Ran an die Arbeit: Perspektive wechseln! 72
    3.1 So leben Sie eine kundenzentrierte Unternehmenskultur 81
    3.2 So stellen Sie als Mitarbeiter Ihre Kunden ins Zentrum 99

INHALTSVERZEICHNIS

3.3 So führen Sie mit den Augen des Kunden 119

3.4 So sprechen Ihre Produkte und Prozesse Kunden wirklich an 149

04/ *Gut ist nicht gut genug. SPARKLE!* 168

4.1 Sie brauchen Neugier, Können, Leidenschaft und Sinnhaftigkeit 173

4.2 So gestalten Sie Momente positiver Überraschung 186

4.3 SPARKLE heute und morgen 195

05/ *SPARKLE-Momente live* 204

Danke 216

Über die Autorin 217

Quellen/Zitate 218

Literaturhinweise 220

Rechtliche Hinweise 222

1/

KUNDEN:
WAS WOLLEN
SIE WIRKLICH?

BÜHNE FREI FÜR DEN KUNDEN

Der Kunde steuerte vollbepackt mit energischen Schritten auf den Laden zu, sah mich und legte noch an Tempo zu. Als ob es irgendeinen Wettlauf zu gewinnen gälte. Er siegte und hielt mir immerhin die Türe auf. So wurde ich unmittelbar Zeugin folgender Situation:

„Die Hemden sind alle eingegangen. Mein Sohn sagt, die Hemden sind nun alle an den Ärmeln um einen halben Zentimeter zu kurz." Der Kunde legte als Beweis drei Businesshemden auf den Tresen der Reinigung. „Warten Sie, ich habe ein Foto. Das Hemd, was mein Sohn darauf trägt, ist auch zu kurz."
Die Mitarbeiterin sah sich ratlos die Hemden an. „Nur die Ärmel sind eingegangen?" „Ja. Jetzt sind alle Ärmel zu kurz." Die Mitarbeiterin schaut irritiert und sagt: „Sorry, aber das kann nicht sein."
In den hinteren Raum gewendet ruft sie: „Chefin, kommst du mal?"
Ich dachte mir, das wird jetzt spannend. Mal sehen, wie die beiden jetzt mit der Situation umgehen.

Denn das, was ich als unbeteiligte Dritte sah, waren drei sichtbar häufig gewaschene, aber tadellos gebügelte Businesshemden, deren modischer Zenit schon länger überschritten war.
Als die Chefin kam, wiederholte der Kunde sein Anliegen, wurde jedoch von der Chefin jäh mit fränkischer Freundlichkeit unterbrochen: „Das kann doch überhaupt nicht sein."
Der Kunde fährt unbeirrt fort: „Ich weiß ja nicht, Sie haben die Hemden schon so oft gewaschen und jetzt ..." Sichtlich genervt unterbricht die Chefin den Kunden und setzt nachdrücklich an: „Aber ich weiß, dass das nicht sein kann."
Es folgte eine genaue Beweisführung, warum der Kunde unrecht hat.

01/ KUNDEN: WAS WOLLEN SIE WIRKLICH?

Was glauben Sie, wer ist wohl als Sieger aus diesem Gespräch gegangen?
Der Kunde, der ein Recht darauf hat, sich zu beschweren? Oder die Chefin, die ein Recht darauf hat,
die Zweifel an ihrer ordnungsgemäßen Arbeit auszuräumen?

CHEFIN, WEIL ...

....

....

KUNDE, WEIL ...

....

....

BEIDE ODER NIEMAND, WEIL ...

....

....

Eine andere Situation: Ich hatte eine schöne kuschelige Kaschmirdecke gekauft. Nach dem Waschen stellte ich fest, dass sie an den Rändern Löcher hatte. Komisch, dachte ich mir, das sollte nicht sein. An meiner Waschmaschine konnte es nicht liegen, sonst wären die Löcher überall. Das musste ein Produktionsfehler sein.

Also packte ich bei Gelegenheit die Decke ein und brachte sie zurück in den Laden, wo ich sie gekauft hatte.
„Schauen Sie mal, die Decke habe ich vor drei Monaten gekauft und jetzt hat sie nach dem Waschen lauter Löcher."
„Oh, die schöne Decke. Das ist komisch. Lassen Sie uns mal schauen."
Nachdem die Chefin den Kauf rückwirkend wertschätzend bestätigte, sah sie sich die Decke an. Wir unterhielten uns über unsere Waschmaschinen, Waschmittel, den korrekten Umgang damit und so weiter und so fort. Die Chefin interessierte sich aufrichtig dafür, was mit der Decke passiert war und woher denn alle diese Löcher kamen. Auch Motten verdächtigten wir.

„Wissen Sie, ich kann die Decke schon zum Hersteller zurückschicken und versuchen, sie zu reklamieren. Wahrscheinlich werden wir wenig Chancen haben, aber wir können es versuchen. Wenn Sie die Decke für gut sechs Wochen entbehren können, dann mache ich das."
Ich willigte ein. Und dann sagte sie: „Ich habe gerade noch eine Idee. Kann es sein, dass jemand stark an der Decke gezogen hat, sodass die Ränder eingerissen sind? Das würde die eigenartigen Löcher an den Rändern eventuell erklären."
Das konnte natürlich sein, denn mit zwei lebhaften Kindern im Haus wäre das durchaus eine Erklärung. Daran hatte ich noch gar nicht gedacht. Es war mir fast etwas peinlich, den Vorgang auf

einen Produktionsfehler geschoben zu haben. Die Ladenbesitzerin ließ die Decke also reparieren und ein paar Wochen und Euros später hielt ich die löcherfreie Decke wieder in der Hand. Die Verkäuferin hatte mein Problem gelöst und eine loyale Kundin gewonnen.
Fazit: Zwei Reklamationen. Beide Reklamationen waren unberechtigt. Beide Male hatte der Kunde „unrecht". In dem einen Fall geht der Kunde als geschlagener Verlierer aus dem Laden und wird wohl nie wieder kommen. Im anderen Fall gibt die Kundin sogar noch mehr Geld aus und wird den Laden in guter Erinnerung behalten.

Wie Sie mit Ihren Kunden umgehen, entscheidet maßgeblich darüber, ob sie wieder bei Ihnen kaufen möchten oder nicht.

Kundenzentrierte und kundenorientierte Unternehmen haben die Kundenbeziehung während aller Phasen des Kundenkontakts sorgfältig im Blick. Sie verlieren sich nicht in Grabenkämpfen. Sie konzentrieren sich mit ihren Kunden auf die Lösungsfindung.

*Die lieben Kunden.
Mal so, mal so. Es scheint
ein ewiges Dilemma zu sein:
Es geht nicht mit ihnen, es
geht aber auch nicht ohne sie.
Lassen Sie uns diese Spezies
genauer ansehen.
Wer sind unsere Kunden
und was wollen sie wirklich?
Auf den ersten Blick sind diese
Fragen schnell beantwortet.*

Die Antwort darauf, wer unsere Kunden sind, liefern umfangreiche Kundenlisten in Excel, PowerPoint und Customer-Relationship-Management-Systeme. Eventuell unterscheiden Sie in Ihrem Unternehmen auch zwischen Kundensegmenten, Zielgruppen, Marktsegmenten usw.
Die Antwort darauf, was unsere Kunden wollen, ist scheinbar auch klar: offensichtlich unser Produkt, denn sonst wären sie ja nicht unsere Kunden. Welche Kunden welches Produkt wie oft kaufen, können wir mit den üblichen Auftragsbearbeitungs- oder Controllingsystemen genau beantworten.
Das sind alles wichtige und wertvolle Informationen, die jeweils einen Teil der Fragen beantworten. Nämlich den rationalen Teil, der mit Zahlen, Daten und Fakten solide belegbar und klar nachvollziehbar ist.

Wenn Sie ein konsequent kundenzentriertes Unternehmen aufbauen möchten, dann brauchen Sie jedoch ein umfassenderes Verständnis darüber, wer Ihre Kunden sind, was sie wollen und wie Sie ihnen begegnen. Darum geht es in diesem Kapitel.

1.1
DER KÖNIG KUNDE HAT IMMER RECHT, ODER?

WORKBOOK / JEDER KUNDE ZÄHLT!

Wenn wir über Kundenorientierung sprechen, fallen uns Sätze ein wie:

„Der Kunde ist König."

„Einen Streit mit dem Kunden gewinnt man nie."

„Der Kunde hat immer recht."

„Alles für den Kunden!"

„Wir sind eine große Familie. Unsere Kunden, unsere Freunde."

Tatsächlich ist das, was wir als Kunden erleben, in den meisten Fällen jedoch etwas anderes. Das fühlt sich eher an nach:

Es klafft somit eine große Lücke zwischen Worten und Taten sowie zwischen der einen oder anderen Perspektive. Man sollte doch meinen, mit der proklamierten Kundenorientierung sei alles gesagt und man hätte allen Mitarbeitern im Unternehmen eine Art Handlungsorientierung im Kundenkontakt mit auf den Weg gegeben. Unsere Kundenwirklichkeit müsste demnach eine völlig andere sein. Verlassen wir den Konjunktiv und schauen, wie es im Unternehmensalltag tatsächlich aussieht.

„DER KUNDE IST KÖNIG."

Diesen Satz haben wir alle schon oft gehört und vielleicht sogar das eine oder andere Mal verwendet.

Mitarbeiter nutzen die Wendung, um entweder zähneknirschend ein grenzwertiges „Kundenfehlverhalten" zu kommentieren oder wenn sie sich selbst an „kundenorientiertes Verhalten" erinnern wollen. Kunden selbst wiederum wollen mit der Formulierung mehr oder weniger subtil ihr „Recht" einfordern.

In manchen Unternehmen scheint das Thema „Bei uns ist der Kunde König" so wichtig zu sein, dass dieser Spruch Kantinen und Besprechungsräume dekoriert und die Botschaft sogar auf Fußabstreifer gedruckt wird. Ob solch ein Fußabtreter im Firmenentree jedoch die richtige Botschaft für Besucher ist, sei einmal dahingestellt.

Und fragen wir uns doch einmal, welchen Rang der Mitarbeiter hat, wenn der Kunde König ist. In einem Hofstaat gibt es viele Positionen: Diener, Hofnarr, Kammerzofe sind nur einige davon. Welche Stellung nimmt der Mitarbeiter ein? Wie auch immer Sie seine Position benennen, es existiert ein Machtgefälle, das den Kunden überhöht und die Mitarbeiter zu katzbuckelnden Dienern degradiert. Wir sehen, das Bild vom „König Kunde" hinkt. Kein Wunder, dass es so viele Schwierigkeiten damit in der Umsetzung gibt.

Denn zeitgemäße Kundenorientierung kann nicht an alte Bilder gekoppelt sein. Das bringt uns gleich zu einem anderen weitverbreiteten Bild.

Der Kunde hat immer recht. Zusammen mit der Königsmetapher von eben bringt das Mitarbeiter und Unternehmen in eine äußerst unangenehme Demuts- und Bittstellersituation. Aber auch für sich genommen ist die Aussage „Der Kunde hat immer recht" höchst problematisch, denn gewiss hat niemand immer recht. Und wenn jemand recht hat, hat meist auch jemand anderes unrecht. Im Umkehrschluss besagt „Der Kunde hat immer recht", dass das Unternehmen oder der Mitarbeiter immer unrecht hat. Dass dies mit Sicherheit nicht so ist, zeigt unter anderem die Hemdengeschichte auf Seite 12. Erschwerend kommt hinzu, dass wir, wenn wir uns im Unrecht fühlen, alles dafür tun, um diesen Missstand auszugleichen. Wir fangen an zu erklären, uns zu verteidigen und zu beweisen. Und wirken dabei alles andere als souverän. Außerdem wollen wir letztlich irgendwann auch einmal angreifen und gewinnen und nicht nur aus einem vermeintlichen Verteidigungsmodus heraus agieren. Logisch. Allerdings sind weder Angriff noch Verteidigung im Umgang mit Kunden eine wirklich gute Lösung.

Der Satz „Der Kunde hat immer recht" stammt übrigens aus dem Jahr 1909 von Gordon Selfridge, dem Gründer des Londoner Kaufhauses Selfridges[1]. Er diente damals als Marketingmaßnahme, um guten Service zu kommunizieren. Über hundert Jahre später wird es höchste Zeit, sich von diesem Mythos zu lösen.

Es lohnt sich also, genau hinzusehen und zu hinterfragen, mit welchen Aussagen, Metaphern und Narrativen wir unseren Kundenkontakt gestalten möchten. Denn diese entscheiden auch darüber, was im Businessalltag tatsächlich beim Kunden ankommt. Die bisherigen Maximen führen eher zu schlechtem Kundenkontakt als zu gutem. Sie scheitern, weil sie auf antiquierte Art und Weise den Kundenstatus überhöhen und Mitarbeiter und Unternehmen in untergeordnete und teilweise sogar handlungsunfähige Situationen bringen. Wie geht es also besser? Wie geht es zeitgemäßer? Damit wir uns mit vollem Engagement unseren Kunden widmen können, brauchen wir vor allem solide Rahmenbedingungen, kundenfreundliche Unternehmensstrukturen und souveräne Mitarbeiter.

Dauerhaft wirklich gut und profitabel wird es nur, wenn wir ein ausgewogenes Gleichgewicht zwischen den Unternehmenserwartungen, den Mitarbeitererwartungen und Kundenerwartungen schaffen. Darin besteht die Kunst.

Denn wenn wir immer alles tun, um es dem Kunden recht zu machen, geht das entweder zulasten der Mitarbeiter oder des Unternehmens. Entweder fühlen sich die Mitarbeiter als Fußabstreifer oder die Profitabilität schwächelt, weil zu jeder Kleinigkeit Ja und Amen gesagt wird.

Hat der Mitarbeiter das Gefühl, nichts wert zu sein und es stets nur dem Kunden und dem Unternehmen recht machen zu müssen, wird er entweder nicht lange im Unternehmen verbleiben oder strikt Dienst nach Vorschrift machen. Er wird schnell den Spaß an der Arbeit verlieren und von Begeisterung oder SPARKLE wird er Lichtjahre entfernt sein.

Auch für die Profitabilität des Unternehmens ist ein ständiges Ja und Amen zu allen Kundenbelangen das reinste Gift. Selbst bei üppigen Kalkulationspuffern – und wer hat die schon – werden Sie früher oder später den Punkt erreichen, wo Sie als Unternehmen draufzahlen. Für jede Leistung, die der Kunde erhält und nicht bezahlt, zahlt das Unternehmen.

Ein weiteres Narrativ im Kundenkontext ist das modernere Märchen von der „großen Unternehmensfamilie". Sehen wir uns das genauer an: Die kleinste familiäre Einheit im biologischen Sinne sind ein Elternteil und mindestens ein Kind. Damit stehen für den Kunden der Elternteil und das Kind zur Auswahl. Schon hier hinkt die Metapher gewaltig. Darüber hinaus kann man sich seine Familie nicht aussuchen. Mit unserer Geburt gehören wir dazu, ob wir wollen oder nicht. Und, Hand aufs Herz: Bezahlt man Verwandte für ihre Dienste?

Vom Kunden als König über den Kunden, der immer recht hat, zum Kunden als Mitglied der großen „Unternehmensfamilie" – diese Narrative schießen weit über das Ziel hinaus. Sie versprechen entweder zu viel oder lassen die nötige Distanz vermissen. Dabei bleibt vor allen Dingen die Professionalität auf der Strecke. Neben dem Fachwissen ist gerade die Professionalität ein wichtiges Differenzierungsmerkmal für einen gekonnten Umgang mit dem Kunden. Darüber hinaus ist es auch die professionelle Distanz, die es Mitarbeitern in schwierigen Situationen erlaubt, handlungsfähig zu sein.

01/ KUNDEN: WAS WOLLEN SIE WIRKLICH?

Alte Bilder, Dogmen oder Maximen mögen in der Vergangenheit funktioniert haben. Heutzutage wirken sie veraltet und sind kontraproduktiv. Zeitgemäße Kundenorientierung braucht zeitgemäße Bilder.

WELCHES KUNDENBILD HERRSCHT IN IHREM UNTERNEHMEN?

....

....

....

....

....

....

....

....

1.2 DIE KUNDEN HEUTE – UNTERSCHIEDLICH UND DOCH GLEICH

Felix kauft Biolebensmittel beim Discounter um die Ecke, das günstige Toilettenpapier im Drogeriemarkt über deren Onlineshop im Abo, zusammen mit den Premiumwindeln für die Tochter. Das ist am einfachsten und so ist immer ein Vorrat im Haus. Wer will sich schon um Toilettenpapier oder Windeln kümmern?

Das Geburtstagsgeschenk für seine Frau Lisa kaufte er in ihrer Lieblingsboutique in der Stadt. Er wusste, was sie sich wünschte, denn sie hatte ihm ein Instagram-Foto des Kleides gezeigt. Mehrmals. Und sie hatte ihm das Foto per Direktnachricht geschickt. Über das Foto hatte er dann auch gleich bestellt, er musste das Kleid nur noch in der Boutique abholen. Beim Abholen entdeckte er noch ein Tuch mit gelben Sternen, das wunderbar zu dem Wunschkleid seiner Frau passte. Die Sonne schien, Felix hatte gute Laune, die Verkäuferin war nett. Also ließ er das Tuch auch gleich noch als Geschenk verpacken. Und dann war da noch die Heizung. Ja, die müsste auch bald erneuert werden. Dafür hörte er sich schon mal im Bekanntenkreis um, wer denn eine gute Firma empfehlen konnte. Angebote dafür würde er sich auch noch einholen, drei auf jeden Fall bei einer Investition in dieser Größenordnung. Auswählen wird er jedoch weder das günstigste noch das teuerste.

Sein großer persönlicher Wunsch war eine Drohne, dazu recherchierte er im Internet schon seit Längerem nach diversen Modellen und deren Einsatzfähigkeit. Er war bereits gut informiert, wollte sich aber mit dem Kauf noch Zeit lassen, bis er das Heizungsthema geklärt hatte. Dann sollte es aber die beste Drohne sein, die derzeit auf dem Markt war. Notfalls würde er damit auch noch bis zu seinem nächsten Bonus warten.

FELIX – EIN KUNDE VON HEUTE

All das macht Felix zu einem typischen Kunden von heute. Er kauft multioptional über verschiedene Kanäle: beim Laden um die Ecke genauso wie über Online-Shopping. Und manchmal in einer Kombination aus beidem – je nachdem, was gerade besser passt.

Einige Dinge kauft er aus Gewohnheit, also habituell. Bei Felix sind es Toilettenpapier und Windeln für die Tochter. Alternativen dazu interessieren ihn nicht. Sogar den Bestell- und Liefervorgang hat er automatisiert. Aus Gewohnheit kauft er auch immer Biolebensmittel beim Discounter. Hier kauft er jedoch nicht immer dieselben, sondern wählt innerhalb der Kategorie Biolebensmittel aus. Das heißt, er kauft auch limitiert.

Er vergleicht eine überschaubare Anzahl an Produkten, und wenn er etwas gefunden hat, hört er auf, zu vergleichen. Sei es, weil er nicht weiter vergleichen und Zeit sparen möchte oder weil er sich auf Bekanntes und Bewährtes verlässt. Unter sein limitiertes Kaufverhalten fällt auch das Kleid zum Geburtstag seiner Frau.

Trotzdem ist Felix offen für spontane Käufe am Point of Sale. Er zeigt also auch ein impulsives Kaufverhalten. Deswegen hat er Lisas Tuch auch noch gekauft. Ab und zu stehen sogenannte echte Kaufentscheidungen an, z. B. die Heizung. Das extensive Kaufverhalten bedarf echter Überlegung, der Informationsbedarf ist groß und die Entscheidungsfindung nimmt einige Zeit in Anspruch.

Die Kunden von heute kaufen hybrid und multioptional. Sie konsumieren heute extensiv, morgen limitiert, oft habituell oder manchmal impulsiv. Dazu haben sie alles Recht der Welt und verhalten sich urmenschlich – der Kunde im Chamäleon-Kostüm. Aber wer kann das verstehen und wer will das verstehen?

01/ KUNDEN: WAS WOLLEN SIE WIRKLICH?

Gestern oder vorgestern war alles viel einfacher. Die Kunden von heute sind viel anspruchsvoller und anstrengender, als sie es bisher waren. Woher sollen wir wissen, wie wir es ihnen recht machen können? Geschweige denn, wie wir sie begeistern können. Und wie sehr wir uns als Unternehmen auch anstrengen, am Ende geht es sowieso nur um den Preis. So oder so ähnlich denken viele Unternehmen über ihre Kunden. Entsprechend mühsam ist dann auch das Zusammenspiel von Kunden, Mitarbeitern und Unternehmen. Anstatt sich in Allgemeinplätzen zu verlieren, ist es besser, die heutigen Kunden genauer zu beleuchten und herauszufinden, was sie so besonders macht. Doch vorher lassen Sie uns noch einen Blick zurück werfen.

Wie viel besser waren die Kunden von gestern tatsächlich? Drehen wir die Zeit zurück und betrachten Felix vor der massentauglichen Verbreitung des Internets.

FELIX VON GESTERN

Felix von gestern kaufte Lebensmittel im Supermarkt in der Nähe. Dass dieser damalige Felix den Lebensmitteleinkauf höchstwahrscheinlich seiner Frau Lisa überlassen hätte, vernachlässigen wir für den Moment einmal. Genauso wie das Kaufen des günstigen Toilettenpapiers und der Premiumwindeln. Die hätte Lisa ebenfalls beim wöchentlichen Supermarkt-Großeinkauf besorgt. Nichtsdestotrotz hätte sie jedoch davon geträumt, dass sie diese lästige Aufgabe nicht erledigen müsste und der Vorrat sich von alleine in der magischen Vorratskammer auffüllen würde.

Zurück zu Felix von gestern: Das Geburtstagsgeschenk für Lisa kaufte er bei ihrem Lieblingsversandhandel aus Fürth. Er wusste, was sie sich wünschte, denn sie hat ihm die Katalogseite mit dem Kleid gezeigt. Mehrmals lag der Katalog offen auf dem Esstisch an seinem Platz. Über das Bestellformular hatte er auch gleich bestellt, per Fax im Büro. Schließlich ist Felix von gestern fortschrittlich. Das Tuch mit den Sternen hatte er jedoch nicht gefunden, denn das Blättern im Katalog des Versandhandels der unerschöpflichen Quelle langweilte ihn. Allerdings begegnete ihm das Sternentuch in Form eines Flyers mit Bestellformular, als er das Paket öffnete. Dennoch war ihm eine erneute Bestellung zu lästig, da das Fax im Büro stand, und zum Briefkasten wollte er auch nicht mehr laufen. Außerdem wäre das Tuch wahrscheinlich gar nicht mehr rechtzeitig zum Geburtstag eingetroffen. Die Heizung, ja, die müsste auch bald erneuert werden. Er kannte den Heizungsbauer vor Ort, der würde die Heizung reparieren. Angebote brauchte er nicht, schließlich kannte und vertraute man sich. Und abgesehen davon, wie sähe das denn aus, wenn er fremdgehen würde. Was würden die anderen im Ort dazu sagen? Der große persönliche Wunsch von Felix von gestern war ein Modellflugzeug. Dazu forderte er immer wieder Kataloge per Postkarte an und recherchierte bei verschiedenen Anbietern. Auch im hiesigen Spielwarenladen war er schon gewesen. Er war gut informiert. Dennoch wollte er sich mit dem Kauf noch Zeit lassen, bis er das Heizungsthema geklärt hatte. Sicher war sicher. Man wusste ja nie, ob die Rechnung vom Bekannten nicht doch noch höher würde als geplant. Dann aber sollte es das schönste Modellflugzeug sein, das es gab. Notfalls würde er damit noch bis zu seinem nächsten Weihnachtsgeld warten.

Ach ja, als er neulich im Spielwarenladen war und sich über Modellflugzeuge informiert hatte, hatte er so ein süßes Stofftier gesehen: einen Teddybären mit gelben Sternen auf dem Bauch. Ein perfektes Geschenk für seine kleine Tochter. Die Sonne schien, Felix von gestern hatte gute Laune. Der Verkäufer im Spielwarenladen war nett. Also ließ er sich den Teddybären mit den gelben Sternen als Geschenk verpacken ...

Die Kunden von gestern kauften hybrid und multioptional. Sie konsumierten extensiv, limitiert, habituell oder impulsiv.
Das war urmenschliches Verhalten im Chamäleon-Kostüm. Damals und heute.

Bei Felix von gestern bedeutete multioptional stationär, Brief und Fax. Würden wir die Zeit noch weiter zurückdrehen, dann wäre stationär gleichbedeutend mit lokal im Dorf und reitendendem Boten. Ja, das ist eine Übertreibung. Allerdings wird deutlich, was ich meine.

Die Art der Optionen ändert sich, die Zeitspanne der Kaufhandlungen ändert sich, doch immer schon hat der Kunde sich für den Kanal entschieden, der für ihn am schnellsten und einfachsten war.

Unternehmen, die dieses Käuferverhalten verstanden haben, haben schon immer das Geschäft gemacht.

Entweder, weil sie sich strategisch entsprechend aufgestellt haben oder zufällig, weil sie eben gerade da waren, als der Käufer etwas suchte oder wollte.
Vor hundert Jahren haben sicher auch die örtlichen Schneider gejammert, dass die neumodischen Katalogversender ihr Geschäft ruinieren, die Kunden mit Katalogbildern kommen, das Kleid geschneidert haben wollen und sich dann auch noch über den Preis beschweren – in etwa so, wie heute die lokalen Händler über den zielstrebigen Online-Händler aus Seattle schimpfen. Nur dass es eben nicht nur Kleider sind, die der amerikanische Allesverkäufer im Angebot hat, sondern nahezu das gesamte Warensortiment aus der ganzen Welt. Doch über Digitalisierung und deren Auswirkungen und Chancen für Kunden und Unternehmen sprechen wir später noch ausführlicher.
Zurückzublicken und die guten alten Zeiten von gestern zu glorifizieren, die darüber hinaus auch durch unsere kognitive Verzerrung geschönt sind, bringt nichts. Sie kommen erstens nicht wieder und waren zweitens auch nicht so toll, wie die Nostalgie uns weismachen möchte – weder für Kunden noch für Unternehmen.

Nur für die Unternehmen, die die Veränderungen verschlafen haben, war es früher tatsächlich einfacher, weil die Zeitspanne der operativen Umsetzung größer war und der Informationsfluss zum Kunden einfach länger gebraucht hat.

Unsere Kunden wollen das einfachste, beste, schönste und schnellste Produkt zum besten Preis über den Verkaufskanal, der für ihre individuelle Situation in dem Moment am passendsten ist.

Die Kunst besteht darin, diesen Kundenwunsch zu erkennen und umzusetzen. Damals und heute. Nur muss dies heute rasend schnell gehen und Sie müssen verdammt aufmerksam sein, was um Sie herum passiert. Deswegen sind Kunden damals und heute zwar prinzipiell gleich, doch gleichzeitig zählt heute jeder Kunde noch mehr als gestern.

BYE, BYE, FELIX VON GESTERN.

Das hat Felix gestern gebraucht:

....

....

SCHÖN, DASS DU DA BIST, FELIX.

Das braucht Felix heute:

....

....

WIR FREUEN UNS AUF FELIX VON MORGEN.

Was wird Felix morgen brauchen?

....

....

DIE EMPATHY MAP
FELIX UNTER DIE LUPE GENOMMEN

So geht's: Mit der Empathy Map beleuchten Sie den Kunden von heute genauer. Sie betrachten Ihren Kunden damit als einen Menschen, der immer von bestimmten Gedanken und Handlungen aus seinem Umfeld beeinflusst ist, also in einem bestimmten Kontext steht. Denn kein Kunde dieser Erde ist ein isoliert rationales Wesen, sondern er differenziert sich über das Umfeld, das ihn umgibt und aus dem heraus er handelt. Das Konzept der Empathy Map wurde von Dave Gray, dem Gründer von XPLANE, entwickelt. Das hier dargestellte Modell basiert auf diesen Grundlagen und enthält die wichtigsten Bereiche, sodass Sie schnell anfangen können, damit zu arbeiten.

Unter www.dana-arzani.de/jeder-kunde-zaehlt finden Sie die Empathy-Map-Vorlage zum Ausdrucken im DIN-Format.

❶

WER? Welchen Kunden wollen wir verstehen? Was ist seine Position, Situation und Rolle?

❷

WAS? Was will der Kunde erreichen? Was sind seine Aufgaben, Entscheidungskriterien und Erfolgsmaßstäbe?

❸

DENKEN & FÜHLEN? Was denkt und was fühlt der Kunde?
 Ängste, Frustrationen und Befürchtungen
 Bedürfnisse, Hoffnungen und Wünsche
 Andere Motivationen

❹

SEHEN? Was sieht der Kunde in seinem Umfeld, im Markt und in den Medien?

❺

SAGEN? Was sagt der Kunde zu Freunden, Kollegen und Fremden?

❻

TUN? Was tut der Kunde in der Öffentlichkeit, im Firmenumfeld und im Privaten?

❼

HÖREN? Was hört der Kunde von Freunden, Kollegen und Fremden?

1.3 B2B ODER B2C – AM ENDE ZÄHLT DER KONTAKT VON MENSCH ZU MENSCH

Freitag, früher Nachmittag. Elektriker Ewatt arbeitete heute etwas länger bei seinem Kunden. Die Elektroreparatur lief nicht ganz wie geplant. Er brauchte ein besonderes Ersatzteil. Also rief er bei seinem Großhändler für Elektroartikel an, der das Teil zum Glück auf Lager hatte. Sie vereinbarten einen Abholtermin.

Ewatt informierte seinen Kunden, dass er das Teil holen und anschließend die Reparatur beenden würde. Es gibt in einem Haus ja immer etwas zu tun, so auch bei diesem Kunden: „Jetzt, wo Sie schon mal da sind, fällt mir gerade ein, es sind ein paar Außenleuchten kaputt. Können Sie das bitte auch noch reparieren? Sie fahren jetzt sowieso zum Großhändler." Ein Zusatzauftrag, ganz einfach nebenbei. Natürlich nahm Ewatt den mit. Schließlich war er motiviert und geschäftstüchtig.

Ewatt fuhr zum Großhändler und wieder zu seinem Kunden. Der freute sich, dass Ewatt pünktlich wieder zurück war. Doch Ewatt war genervt, denn er musste seinem Kunden sagen, dass er zwar das bestellte Ersatzteil bekommen hatte, nicht aber die zusätzlichen Materialien für die Außenleuchten. Nun wollte der Kunde wissen, warum, schließlich handelte es sich nur um ein paar Leuchtmittel, die in jedem Baumarkt zu haben waren. Ewatt: „Weil das Lagersystem um 12.00 Uhr geschlossen wird und dann im Laden kein Lieferschein mehr gedruckt werden kann. Ohne Lieferschein bekomme ich keine Ware." „Hätte der Mitarbeiter die Leuchtmittel nicht einfach aus dem Lager holen und dann den Lieferschein nachsenden können?"

„Das habe ich auch gefragt. Das darf er nicht." Ewatt war die Situation peinlich. Er nahm Kundenorientierung sehr ernst und musste nun wegen der paar Leuchtmittel noch mal zum Kunden fahren.

WAS UNTERSCHEIDET EINEN B2B- VON EINEM B2C-KUNDEN?

Ewatts Kunde war ein Endverbraucher. Ewatt machte also Business-to-Consumer-Geschäfte, kurz B2C. Gleichzeitig war Ewatt Kunde beim Großhändler. Der Großhändler machte mit Firmenkunden Geschäfte, also Business-to-Business, kurz B2B.

Schauen wir genauer hin: Ein Kunde, dem nicht geholfen wird, steht nach wie vor mit seinem Problem da. Das gilt für Endkunden genauso wie für Geschäftskunden. In den meisten Fällen ist das dahinterstehende Umsatzvolumen zwar höher, doch am Prinzip Kunde ändert sich fast nichts. Der Endkunde hatte ein Problem, das Ewatt leicht hätte beheben können. Dadurch, dass der Großhändler nicht geliefert hat, hat nun auch Ewatt ein Problem. Macht zwei Probleme. Der Endkunde ist enttäuscht, weil seine Problemlösung in greifbarer Nähe schien und in letzter Minute doch noch zunichtegemacht wurde. Ewatt ist von seinem Großhändler enttäuscht, weil der ihn hat hängen lassen und er nun vor seinem Kunden schlecht dasteht. Für den Großhändler ändert sich auf den ersten Blick zunächst nichts, schließlich hat er viele Ewatts.

Am Montag wird bei Ewatts Großhändler das Telefon klingeln. Der Sachbearbeiter wird wieder einen Kunden am Telefon haben, der sich wegen einer Lappalie beschwert. „Ist doch klar, dass das Lagersystem um 12.00 Uhr schließt. Der soll sich mal wegen seiner drei mickrigen Leuchtmittel nicht so anstellen."

Ein Endkunde entscheidet über den Kauf eines Produktes oder einer Dienstleistung in der Regel alleine oder als Familie mit dem Partner, der Partnerin. In den meisten Fällen haben wir es also im B2C-Kundenprozess mit einer oder mit zwei Personen zu tun.

Auch bei unserem Elektriker Ewatt stellt sich die Entscheidungsfindung ähnlich wie bei einem Endkunden dar, obwohl er B2B-Kunde ist. Er wird vorwiegend alleine entscheiden. Häufig stellt sich die Entscheidungsfindung im B2B-Bereich je nach Unternehmensgröße und Einkaufsvolumen jedoch komplexer dar. Wir haben es häufig mit einem Team an Entscheidern, Beratern und Stakeholdern zu tun. Es gilt, mehrere Interessenlagen und Anliegen unter einen Hut zu bekommen. Die Geschäftsleitung muss zustimmen, das Marketing auch und der Einkauf sowieso. Die Entscheidungsfindung gleicht in vielen Fällen einem Hürdenlauf mit sich bewegenden Hindernissen. Auch wenn alle Beteiligten einen gemeinsamen Leistungswunsch verfolgen, so hat jeder einzelne seine besondere Perspektive auf die Merkmale. Jeder will sein Problem gelöst haben oder seine Thematik behandelt wissen. Jeder möchte gesehen und wertgeschätzt werden. Wenn Sie dies vernachlässigen, wird der Betreffende früher oder später Probleme machen. Das kann, je nachdem, auf welcher Einflussebene der Übersehene sitzt, ziemlich unangenehm werden.

Auch B2B-Kunden sind Menschen.

Der Unterschied zu B2C-Kunden ist, dass die B2B-Kundenbeziehung meist ein komplexeres Beziehungsgeflecht ist.

Sie können das Beziehungsgeflecht nur managen, wenn Sie die entscheidenden Eins-zu-eins-Beziehungen pflegen können.

DIE EMPATHY MAP FÜR FIRMENKUNDEN MIT BEZIEHUNGSGEFLECHT

So geht's: Die Empathy Map funktioniert auch für B2B-Kunden. Beleuchten Sie damit Ihren vielschichtigen Firmenkunden von heute einmal genauer und skizzieren Sie dabei gleich das Beziehungsgeflecht, in das er verwoben ist. Erstellen Sie für jeden Stakeholder, also jede direkt oder indirekt beteiligte oder relevante Person oder Interessengruppe, eine Empathy Map. Gehen Sie wie auf Seite 32 beschrieben vor. Dann zeichnen Sie das Beziehungsgeflecht zusammen mit den Entscheidungshierarchien ein.

Die Vorlage für das Beziehungsgeflecht finden Sie unter www.dana-arzani.de/jeder-kunde-zaehlt zum Download.

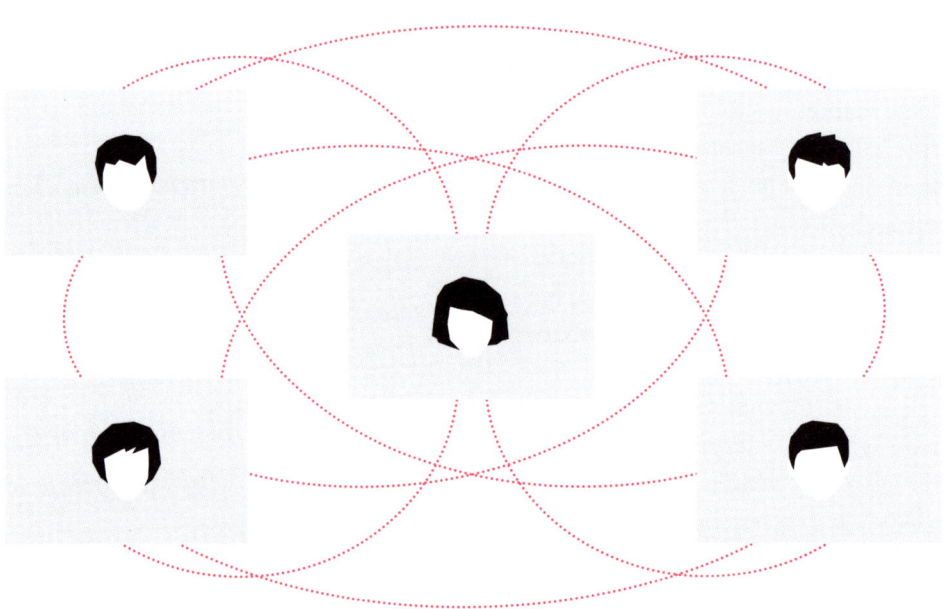

01/ KUNDEN: WAS WOLLEN SIE WIRKLICH?

2/

DER KUNDE IM ZENTRUM: WAS BRINGT'S?

FACE THE FACTS

„Genau auf Sie haben wir unser ganzes Leben gewartet. Egal, wie viel Sie für Ihr großartiges Produkt möchten, ich zahle Ihnen das Doppelte. Sofort!"

Haben Sie eine solche Aussage schon einmal von einem Kunden gehört? Wahrscheinlich nicht. Auch wenn manche Verkäufer vielleicht davon träumen, die Realität sieht anders aus. Leider. Es ist aufwendig, einen neuen Kunden zu gewinnen. In einigen Branchen dauert es sogar Jahre und ist ein nervenaufreibender komplexer Prozess.

Wie lange brauchen Sie in Ihrem Unternehmen, um einen neuen Kunden zu gewinnen, und welchen Aufwand müssen Sie dafür betreiben?
Wenn Sie den Aufwand kennen, können Sie diesen auch mit Kosten hinterlegen und genau beziffern, wie viel Sie investieren müssen, um einen neuen Kunden zu gewinnen. Anders formuliert: wie viel Sie ein neuer Kunde kostet, bevor Sie überhaupt eine Leistung erbringen können. Denken Sie auch daran, alle Kosten für Marketing und Werbung in diese Summe einzurechnen. Wenn Sie diese Kosten bislang noch nicht erhoben haben, sollten Sie sich die Mühe auf jeden Fall einmal machen. Dies kann eine erschreckend heilsame Übung sein.

DAS INVESTIEREN WIR IN EINEN NEUEN KUNDEN:

.... Euro

SO LANGE BRAUCHEN WIR, UM EINEN NEUEN KUNDEN ZU GEWINNEN:

.... Stunden

.... Tage

.... Wochen

.... Monate

.... Jahre

Wenn Sie nun einen Kunden verlieren, weil Sie nicht sorgfältig mit ihm umgegangen sind und ihn eben nicht ins Zentrum gestellt haben, dann fehlt nicht nur der damit verbundene Umsatz, sondern dies zieht auch automatisch die Investition in einen mindestens gleichwertigen „Ersatzkunden" nach sich.

Darüber hinaus sind Sie erfahrungsgemäß nicht alleine im Markt unterwegs. Sie haben Mitbewerber, die oft das Gleiche wollen wie Sie. Unglücklicherweise schlafen die meisten Mitbewerber auch nicht, zumindest nicht andauernd. Also müssen Sie irgendetwas besser machen als der Wettbewerb, damit der Kunde nicht dort, sondern bei Ihnen landet. Die Mitbewerber sind also ein zusätzlicher Grund, den Kunden im Zentrum Ihres Unternehmens anzusiedeln!

Außerdem: Wenn Sie in Ihrem Unternehmen beständig Kunden nachakquirieren müssen, also „Ersatzkundenakquise" betreiben, verlieren Sie kostbare Zeit und Energie, die Sie für Ihr Wachstum benötigen.

Wachstum ist auch der Grund, warum ich hier von „Ersatzkunden" und „Ersatzkundenakquise" spreche und diese von „Neukunden" und „Neukundenakquise" unterscheide. Mit Ersatzkunden füllen Sie auf. Es ist zwar Bewegung im Unternehmen, doch solange Ihr Ersatzkunde nicht mehr Umsatz mitbringt als der Kunde, der gegangen ist, haben Sie kein Wachstum im Unternehmen. Nur wenn Sie einen Neukunden akquirieren, haben Sie Entwicklung und Wachstum im Unternehmen. Macht das Ihre jetzigen Kunden wertvoller für Sie?

ERSATZKUNDEN UND NEUKUNDEN

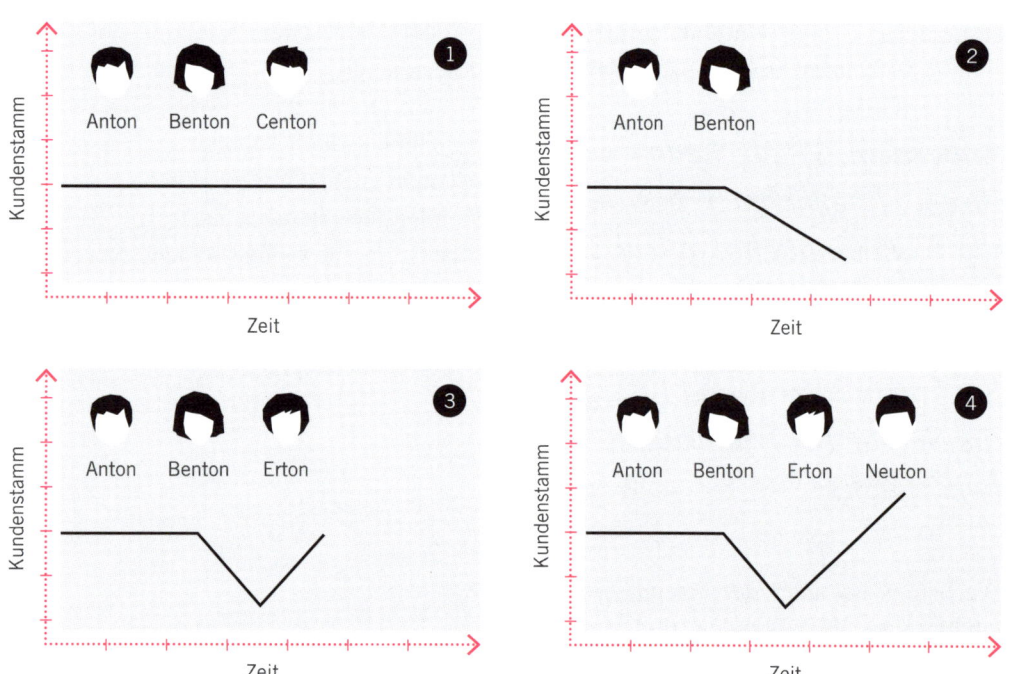

Kundenstamm des Unternehmens: Anton, Benton, Centon.

Centon geht zum Mitbewerber. Aktueller Kundenstamm: 2.

Ersatzkunde Erton wird akquiriert. Aktueller Kundenstamm: 3. Bewegung, aber kein Wachstum.

Neukunde Neuton wird akquiriert. Aktueller Kundenstamm: 4. Bewegung und Wachstum.

Einen Kunden zu halten und sich um ihn zu kümmern ist also deutlich einfacher und günstiger, als Ersatzkundenakquise zu betreiben. Trotzdem kennen wir aus vielen Unternehmen die Haltung, dass, sobald ein Kunde akquiriert ist, er nur noch abgearbeitet und durch einen Prozess geschleust wird. Die Vertriebler sind die Helden, die Servicemitarbeiter das ausführende Fußvolk. Es wird sehr viel Energie darauf verwendet, die sprichwörtliche erste Unterschrift zu bekommen oder den Klick auf den „Kaufen-Button", und danach wähnt man alles in trockenen Tüchern.

Tatsächlich ist es jedoch so, dass die einen nichts sind ohne die anderen und es stets alle vereinten Kräfte im Unternehmen braucht, um kundenzentriert zu handeln. Der Kunde merkt schnell, ob er nach dem Kauf nur noch abgearbeitet und durchgeschleust wird, oder ob er dem Unternehmen wirklich wichtig ist. Vielleicht braucht es dazu ab und zu eine kulante Serviceleistung. Genauso kann es sein, dass der Kunde sich durch eine bezahlte Serviceleistung im richtigen Moment als besonders wertvoll wahrnimmt. Erinnern Sie sich an das Beispiel mit der Kaschmirdecke im ersten Kapitel?

Dennoch ist in Unternehmen häufig zu hören: „Service kostet Geld" oder: „Kein Kunde will für Service mehr bezahlen." Das stimmt so nicht, wir alle wissen das. Allerdings will kein Kunde für Service bezahlen, wenn er glaubt, dieser müsse in der Leistung enthalten sein. Dazu kommen wir später. Halten wir also fest: Neue Kunden zu gewinnen ist aufwendig und kostet Geld. Einen Kunden zurückzugewinnen ist ebenfalls aufwendig und kostet Geld. Einen Kunden zu halten ist die mit Abstand kostengünstigste und nachhaltigste Strategie.

Kundenorientierung kostet Geld. Service kostet ebenfalls Geld. Und genau deswegen ist es wichtig, intelligent zu investieren.

2.1 KARTEN AUF DEN TISCH – ZAHLEN, DATEN, FAKTEN

„Die sind dort so unfreundlich. Da gehe ich nicht mehr hin." Freundlichkeit kostet Sie nichts. Unfreundlichkeit verbrennt das wertvollste Kapital, das Sie haben.

Je nach Studie liegen die Kosten, um einen neuen Kunden zu akquirieren, fünf- bis siebenmal so hoch, wie einen bestehenden Kunden zu halten. In einigen Studien wird der Wert sogar mit bis zu zehnmal so hoch beziffert. Einen Bestandskunden zurückzugewinnen, weil Sie ihn, aus welchem Grund auch immer, verloren haben, ist noch aufwendiger. Bestandskunden zu halten wiederum erhöht Ihren Unternehmensgewinn. Laut der Unternehmensberatung Bain & Company steigert eine um fünf Prozent höhere Kundenbindung den Unternehmensprofit um bis zu 75 Prozent.[2] Eine andere Studie rechnet vor, dass eine um zwei Prozent gesteigerte Kundenbindung dieselbe Wirkung hat wie eine Kostensenkung um zehn Prozent.[3]

Nun ist Kundenbindung und Kundenzentrierung weit mehr als nur Freundlichkeit. Allerdings ist Freundlichkeit immer noch ein extrem wichtiger Hebel. Denn interessanterweise verzeihen Kunden Mitarbeitern eher häufige Fehler als Unfreundlichkeit. Unfreundliche Mitarbeiter reduzieren die Kundenbindung um 23 Prozent. Viele Fehler hingegen wirken sich nur mit 21 Prozent auf die Kundenbindung aus.[4]

Bleiben wir beim wichtigen Thema Unfreundlichkeit. Um einen Kunden wegen unfreundlicher Mitarbeiter zu verlieren, muss er zunächst einmal Kunde geworden sein, sonst können wir ihn ja nicht verlieren. Als unzufriedener Kunde wird er erfahrungsgemäß durchschnittlich sieben weiteren Menschen von seiner schlechten Erfahrung erzählen. Betrachten wir also die negativen Auswirkungen etwas umfassender und rechnen von dem tatsächlichen Beginn der Customer Journey, nämlich der Kundengewinnung, bis zu den Folgen des Kundenverlustes, dann sind sie tatsächlich noch viel dramatischer.

KAUFENTSCHEIDUNG

70 %
der Kaufentscheidung hängen davon ab, wie gut sich der Kunde behandelt fühlt.

KUNDENBINDUNG FÜHRT ZU PROFIT

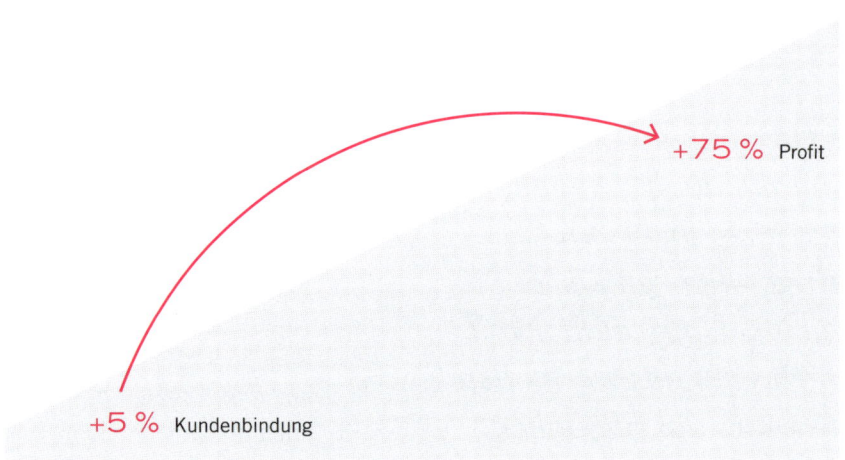

+75 % Profit

+5 % Kundenbindung

KUNDENBINDUNGSKILLER

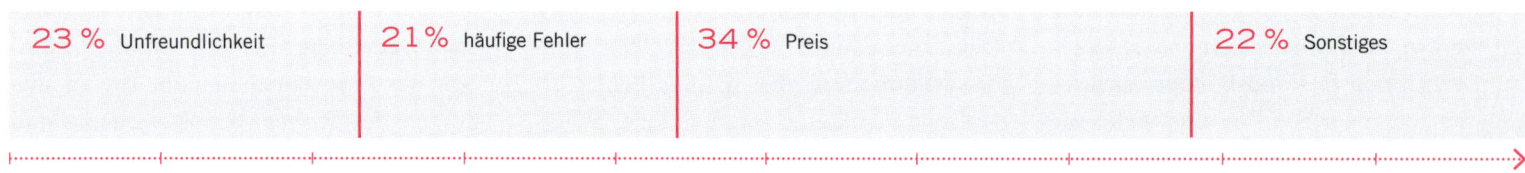

23 % Unfreundlichkeit 21 % häufige Fehler 34 % Preis 22 % Sonstiges

KUNDENORIENTIERUNG IST GUT.
KUNDENZENTRIERUNG IST BESSER.

Laut McKinsey hängen 70 Prozent der Kaufentscheidung davon ab, ob sich der Kunde gut behandelt fühlt. Im Klartext: Ein Kunde, der sich schlecht behandelt fühlt, kauft nicht.[5] Schlimmer noch: Schlechte Erlebnisse im Kundenservice führen laut „RightNow Customer Experience Impact Report" sogar dazu, dass 89 Prozent der Kunden stattdessen den Wettbewerber beauftragen.[6]

Die gute Nachricht lautet: An der Freundlichkeit von Mitarbeitern lässt sich arbeiten. Ebenso wie am Umgang mit Fehlern.

Es geht hier übrigens dezidiert um viele Fehler und nicht um Fehler generell. Fehler sind menschlich und Kunden sind bereit, sie relativ rasch zu verzeihen, wenn man professionell damit umgeht. Viele Fehler lassen sich definitiv vermeiden, wenn Prozesse optimiert und Mitarbeiter entsprechend trainiert und befähigt werden, Entscheidungen zu treffen. Damit lassen sich insgesamt bis zu 44 Prozent aller Kunden sicher binden. Damit können Sie übrigens auch mit zehn Prozent Vorsprung den Preispunkt aushebeln. Dazu braucht es jedoch echte Kundenorientierung oder, noch besser, Kundenzentrierung im Unternehmen: Jeder Kunde muss wirklich zählen. Allein mit Produktzentrierung ist das nicht zu schaffen.

Kundenorientierte Unternehmen kümmern sich um ihre Kunden. Sie versuchen, ihren Job für den Kunden so gut wie möglich zu machen. Das ist auf jeden Fall schon ein Schritt in die richtige Richtung. Damit liegt der Fokus von kundenorientierten Unternehmen jedoch immer noch eher auf dem Produkt oder der Dienstleistung als auf dem Kunden an sich.

Die meisten Unternehmen behaupten von sich, kundenorientiert zu sein. Viele davon sind in Wahrheit produktzentriert. Es geht ihnen in erster Linie um das Produkt, von dem sie möglichst viel zu möglichst geringen Kosten vertreiben möchten. Der Kunde ist da, weil er das Produkt kauft. Aber im Fokus steht er nicht. Kundenzentrierte Unternehmen machen das anders.

Sie stellen ihre Kunden tatsächlich in die Mitte ihres Unternehmens und denken alle Prozesse inklusive der Produktentwicklung von den Bedürfnissen ihrer Kunden aus. Sie wechseln die Perspektive zu hundert Prozent. Kundenzentrierte Unternehmen denken in Beziehungen und Mehrwert statt in Produkten – das ist ein wichtiger Unterschied. Für sie erfüllen Produkte nur den Zweck, dem Kunden einen echten Mehrwert zu bieten, und das über eine möglichst lange Zeit. Kundenbindung ist für diese Unternehmen kein Lippenbekenntnis, sondern tief in ihrer Kultur und Strategie verankert.

WIE WÜRDEN SIE IHR UNTERNEHMEN BESCHREIBEN?

Produktzentriert   *Kundenorientiert*   *Kundenzentriert*

UND WIE MÖCHTEN SIE IN ZUKUNFT SEIN?

....

....

KUNDENZUFRIEDENHEIT IST GUT. KUNDENLOYALITÄT IST BESSER.

Ob Unternehmen tatsächlich kundenorientiert oder kundenzentriert sind und von ihren Kunden als solche auch wahrgenommen werden, ist eine andere Sache. Oftmals klaffen Selbstbild und Fremdbild auseinander.

Um dem zu begegnen, gibt es eine Reihe von Kennzahlen, die diesen vermeintlich weichen Faktor Kundenorientierung sichtbar machen. Die beiden Hauptmessgrößen hierfür sind Kundenzufriedenheit und Kundenbindung.

Die Kundenzufriedenheit misst, wie zufrieden ein Kunde bisher mit Ihrer Arbeit war. Sie ist eine wichtige Größe, welche die Vergangenheit betrachtet. Zudem bildet Kundenzufriedenheit immer auch die Differenz zwischen Kundenerwartung und erlebter Kundenwirklichkeit ab.

Das heißt, ein Kunde mit niedriger Erwartungshaltung ist eher zufrieden oder gar begeistert als ein anspruchsvoller Kunde mit hohen Erwartungen. So erklärt sich, dass ein und dieselbe Situation völlig unterschiedlich bewertet werden kann. Hierdurch relativiert sich zwar die Aussagekraft der Kennziffer Kundenzufriedenheit, dennoch liefern die Zahlen wichtige Erkenntnisse. Denn sie erlauben in gewissem Umfang, dass wir die Erfahrungen der Vergangenheit auf die Zukunft projizieren. Was gestern gut war, wird wahrscheinlich morgen auch gut sein.

Im Unterschied zu Kundenzufriedenheit zeigt die Kundenbindung, wie hoch die Wahrscheinlichkeit ist, dass ein Kunde bei Ihnen wieder kaufen wird. Je höher die Kundenbindung, desto niedriger die Wechselbereitschaft des Kunden.

Kundenbindung bildet demnach die Wahrscheinlichkeit zukünftiger Geschäfte ab. Es gibt zwei Arten von Kundenbindung.

Eine weiche Kundenbindung bedeutet, der Kunde bleibt von selbst beim Unternehmen, und eine harte Kundenbindung, per Vertrag.

So erklärt sich, dass ein Unternehmen mit niedriger Kundenzufriedenheit trotzdem eine hohe Kundenbindung haben kann, weil es entsprechende Verträge hat oder im B2B-Bereich die Wechselkosten extrem hoch wären. Solche Kunden bleiben, weil sie müssen, und nicht, weil sie wollen. In den Zeiten von Transparenz, Social Media und Empfehlungsmarketing wird dieses Geschäft jedoch immer schwieriger. Kunden hatten noch nie Gefallen daran, durch Verträge geknebelt zu werden, und haben sich schon immer darüber beschwert.

Früher hatten Kunden allerdings auch eine andere Reichweite.

Denn war es früher nur das direkte Umfeld, das von dem Fehlverhalten erfuhr, können heute quasi über Nacht mittels Social Media, Foren und Bewertungsportale Firmen totgeschrieben werden.

Aus dem Zusammenspiel von Kundenzufriedenheit und Kundenbindung ergibt sich eine weitere wichtige Messgröße: die Kundenloyalität.

Das ist die Messgröße, auf die wir uns heute, und ganz besonders in Zukunft, konzentrieren müssen. Die über harte Kundenbindung unfreiwillig geknebelten Kunden sind zur Treue gezwungen und springen deswegen nicht ab. Sie sind weder zufrieden noch loyal. Das ist jedoch nicht zeitgemäß.

Idealerweise erzielen Sie mit Ihren kundenorientierten oder kundenzentrierten Maßnahmen im Unternehmen eine hohe Kundenloyalität. Das heißt, Ihre Kunden sind hochzufrieden und Sie haben eine hohe Kundenbindung, die gerne auch vertraglich geregelt ist, jedoch die Kunden nicht knebelt.

02/ DER KUNDE IM ZENTRUM: WAS BRINGT'S?

Zufriedene Kunden		**LOYALE KUNDEN**
Abspringende Kunden		Treue Kunden

Kundenzufriedenheit in % (vertikale Achse)
Kundenbindung in % (horizontale Achse)

Kundenzufriedenheit misst die bisherige Zufriedenheit der Kunden.

Kundenbindung misst die Wahrscheinlichkeit für einen erneuten Kauf.

Kundenloyalität ist das Ziel.

SERVICEERWARTUNGEN ERFÜLLEN IST GUT.
SERVICEERWARTUNGEN ÜBERTREFFEN IST BESSER.

Service ist ein weit gefasster Begriff. Selbst in den Wirtschaftswissenschaften hat er mehrere Bedeutungen.

Laut Gablers Wirtschaftslexikon umfasst der Begriff alle Wirtschaftsleistungen, die nicht an ein physisches Produkt gekoppelt sind, also alle Dienstleistungen oder die Zusatzleistungen vor oder nach dem Produktkauf (Pre- oder Aftersales-Services).[7]

Service hat übrigens eine finstere Vergangenheit. Es leitet sich von dem lateinischen Wort „servitium", also „Sklavendienst" ab. Übersetzt aus dem Englischen steht Service mittlerweile für einen freiwillig geleisteten Dienst.

Wenn wir als Kunden allerdings sagen: „Das war ein guter Service" oder: „Dort ist der Service super", dann meinen wir in der Regel das, was wir Kunden als Serviceleistung erleben. Wenn wir merken, das Unternehmen bzw. die Mitarbeiter sind uns gegenüber besonders aufmerksam und wertschätzend, sie machen uns das Leben besonders einfach und kümmern sich schnell um unser Anliegen, dann bezeichnen wir das als „guten Service". Das bedeutet, wir bekommen mindestens das, was wir als Kunden erwarten, idealerweise jedoch mehr.

Das muss nicht unbedingt materieller Natur sein. Immaterielle Dinge wie echte Aufmerksamkeit und Freundlichkeit wiegen oft mehr als das gefühlt hundertste Add-on.

Leider begegnet Kunden guter Service nur selten. Laut Forrester Research sind durchschnittlich 42 Prozent der Mitarbeiter im Kundenservice nicht in der Lage, Kundenprobleme effektiv zu beheben.[8]

Auch deswegen erzählen wir gerne darüber, wenn ein Unternehmen außerordentlichen oder bemerkenswerten Service bietet. Hierfür braucht es allerdings mehr als standardisierte 08/15-Routinen. Es braucht letztlich die passende Unternehmenskultur, damit auch wirklich jeder Kunde zählt. Ob dem so ist, zeigt sich spätestens dann, wenn es mal nicht planmäßig läuft und wir als Kunden

02/ DER KUNDE IM ZENTRUM: WAS BRINGT'S?

entweder eine Beschwerde oder sonstige Probleme mit dem Produkt oder der Leistung haben. Dann trennt sich die Spreu vom Weizen.

Für kundenzentrierte Unternehmen ist Beschwerdemanagement keine Kostenstelle, sondern eine Serviceleistung und eine Investition in ihre Kunden!

Kulanz heißt, dem Kunden zu helfen, obwohl er rechtlich keinen Anspruch darauf hat. Unzufriedene Kunden erzählen ihre negativen Serviceerlebnisse noch häufiger als ihre positiven. Wird dies dann auch noch auf diversen Social-Media-Kanälen im Netz geteilt, benötigen Sie zwölf positive Kritiken, um eine negative Geschichte wiedergutzumachen.[9] Nachdem Kunden häufig auch das Kauferlebnis unter dem Begriff Service subsumieren, habe ich noch eine Zahl für Sie: Forbes hat herausgefunden, dass 86 Prozent der Käufer bereit wären, für ein besseres Kundenerlebnis mehr zu zahlen. Das ist die gute Nachricht. Die andere Nachricht ist, dass gleichzeitig nur ein Prozent der Kunden der Meinung sind, dass ihre Kundenerwartungen von den Firmen stets erfüllt werden.[10] Da ist also noch viel Luft nach oben.

WAS BEDEUTEN DIESE ZAHLEN, DATEN UND FAKTEN FÜR SIE UND IHR UNTERNEHMEN?

....

....

....

....

....

....

2.2 EIN KUNDE, KEIN KUNDE ODER MEIN KUNDE

„Wenn ich den Duschkopf im Internet bestelle, dann bekomme ich den übermorgen geliefert und habe ein 14-tägiges Rückgaberecht. Warum muss ich bei Ihnen drei Wochen auf die Lieferung warten und darf ihn dann nicht mehr zurückgeben, wenn er nicht so funktioniert, wie ich mir das vorstelle?"

Diese Frage stellte ein Kunde eines Installateurfachbetriebs. Eigentlich war mit der Bestellung schon alles klar und es ging nur noch um die Lieferzeit. In diesem Zusammenhang wies der gewissenhafte Sachbearbeiter gleich noch auf die nicht vorhandenen Rückgabebedingungen für Sonderbestellungen hin.

Sie können sich vorstellen, dass der Mitarbeiter in diesem Gespräch ganz schön ins Schwitzen kam. Er versuchte, transparent zu sein und dem Kunden alles detailliert zu erklären, doch mit jeder Erklärung wurde das Unverständnis auf Kundenseite nur noch größer.

Aus Kundensicht ist die Frage natürlich berechtigt. Warum soll er bereit sein, beim stationären Fachhandel schlechtere Konditionen in Kauf zu nehmen als im Online-Fachhandel? Egal, wie der Sachbearbeiter aus Firmensicht die Sache erklärt, es wird nicht gut für ihn ausgehen.

Anderes Beispiel: Eine Kundin war auf der Suche nach einer Skihose. Dafür fuhr sie extra in einen 30 Kilometer entfernten Sportartikelfachhandel. Dort hatte sie ihre Traum-Skihose gefunden. Nur leider war ihre Wunschfarbe nicht in ihrer Größe verfügbar. Also schaute sie interessehalber im Internet. Da war sie, die Traum-Skihose. Richtige Größe, richtige Farbe. Und überdies noch günstiger als im Fachhandel. „Warum soll ich mir da in Zukunft die Mühe machen und 30 Kilometer fahren?", fragte sie mich. Recht hat sie. Warum sollte sie das tun?

Und zack, wieder ein Kunde weniger beim stationären Fachhandel. Da muss dringend ein neuer Ersatzkunde her, oder? Doch warum sollte dieser stationär und nicht online kaufen? Dies wird nur dann passieren, wenn man mit anderen relevanten Leistungen oder Services punkten kann. Die Digitalisierung schreitet rasant voran. Die Technologien und damit auch die Möglichkeiten entwickeln sich exponentiell. Solche Szenarien à la Duschkopf und Skihose werden also in Zukunft deutlich häufiger werden. Für den stationären Handel bedeutet das, dass er sich positiv abheben muss, sonst wird es für Kunden in Zukunft noch weniger Gründe geben, offline zu kaufen. Dann wird aus einem potenziellen Kunden noch schneller kein Kunde. Und auch die Ersatzkundenakquise wird noch früher einsetzen. Mir geht es hier nicht um hysterische Angstmacherei im Sinne von: Wenn Sie sich nicht der Digitalisierung stellen, werden Sie über Nacht vom Markt gefegt, ohne dass Sie den Hauch einer Chance haben. Sondern es geht darum, dass wir wachsam und neugierig bleiben und sehen, was um uns herum passiert, und uns der Situation anpassen oder, noch besser, die Situation gestalten! Es gibt nämlich viele großartige Dinge, die heute dank Technik möglich sind, die unser Leben und Arbeitsleben vereinfachen und und Chancen bieten, die früher undenkbar waren.

Doch zurück zum Kaufprozess:

Die Digitalisierung hat heute schon enorme Auswirkungen auf den Kaufprozess.

Früher waren selbst durchschnittliche Verkäufer wahre Experten ihrer Produkte und hatten einen deutlichen Wissensvorsprung vor dem Großteil der Kunden. Dieses Blatt hat sich heute komplett gewendet. Kunden sind dank Internetrecherche oft derartig gut vorinformiert, dass ein durchschnittlicher Verkäufer mit mäßigem Produktwissen sich von vielen Kunden noch beraten lassen könnte. Der Verkäufer vom Typ „betreutes Lesen", der die Produktmerkmale einfach vom

Katalog oder Tablet abliest und sie nicht in den Kontext des Kunden bringen kann, hat völlig ausgedient. Darüber hinaus ist er auch vom Kunden schnell enttarnt. Der dreht sich um und geht, „weil der Typ ja gar keine Ahnung hat".

Das sind schon harte Zeiten für durchschnittliche Verkäufer. Und um ihre verkäuferische Leistung, gleich welcher Qualität, zeigen zu können, müssen sie den Kunden erst einmal zu Gesicht bekommen. Auch das ist heute schon nicht mehr selbstverständlich.

Spielen wir das Szenario einmal durch. Unabhängig davon, was wir beruflich machen, sind wir alle auch Konsumenten. Deswegen nehmen wir ein Beispiel, in das wir uns alle sehr gut hineinversetzen können. Also, Bühne frei für Felix. Nehmen wir an, Felix will einen Fernseher kaufen. Er recherchiert im Internet, vergleicht Modelle und Preise, nimmt zwei bis drei Modelle in die engere Auswahl. Er überprüft Produktrezensionen von Kunden, die ebenfalls diese Produkte gekauft haben. Danach sind noch zwei Modelle im Rennen. Um eine Entscheidung zu treffen, will er das Fernsehbild live sehen. Deswegen geht er in einen großen Elektromarkt. Eines der Geräte findet er, das andere nicht. Zufällig trifft er dort auf einen Verkäufer. Nun können sich zig unterschiedliche Szenarien ergeben, je nach Geschick des Verkäufers. Das ist für uns an dieser Stelle jedoch nicht wichtig. Was für uns in diesem Szenario wichtig ist: Der einzige Grund für Felix' Besuch im stationären Elektromarkt ist, dass er mit eigenen Augen sehen will, wie das Bild der Fernseher in der Realität aussieht. Das sieht er nämlich im Internet nicht. Und dafür bräuchte er noch nicht mal einen Verkäufer im herkömmlichen Sinne, sondern im Grunde nur einen Showroom. Augen hat er selbst im Kopf. Wissen hat er auch genug.

Gehen wir einen Schritt weiter. Stellen wir uns weiter vor, wie es wäre, wenn Felix zu Hause in seinem Wohnzimmer sitzen würde und er auf seinem Tablet sehen könnte, wie der von ihm favorisierte Fernseher in seinem Wohnzimmer an der Wand aussehen und dort auch gleich seine Lieblings-Netflix-Serie laufen würde.

Und da er sich noch nicht entschieden hat, kann er das Gleiche auch mit dem anderen von ihm favorisierten Modell machen und nicht nur die Bildqualitäten vergleichen, sondern sogar die Wirkung des Fernsehers im Raum. Eventuell stellt Felix dabei fest, dass ein größeres Modell auf seiner Wand noch besser aussehen würde. In jedem Fall könnte er zu Hause entscheiden, ohne jemals die eigenen vier Wände zu verlassen und einen Verkäufer, wie wir ihn kennen, zu Gesicht zu bekommen. Schlussendlich klickt er auf „kaufen", entscheidet, ob er das Gerät mit oder ohne Aufbau haben möchte, und die einzige (!) Person, die er in diesem gesamten Kaufprozess sieht, ist entweder der Paketbote oder der Techniker, der ihm das Gerät aufbaut. Die dafür nötige Technologie gibt es heute schon. Das Szenario ist also mehr als realistisch und vielleicht gar nicht mehr so weit von uns entfernt, wie es jetzt erscheinen mag. Was für das Fernsehbeispiel vielleicht noch Zukunftsmusik ist, ist unter anderem für Möbel schon Realität. Wenn Sie möchten, können Sie bei einem bekannten Möbelhaus Ihr Wunschsofa per Augmented Reality in Ihr Wohnzimmer projizieren lassen, es per Kameraschwenk vom Fenster in die andere Ecke schieben und gleichzeitig den Bezug wechseln. Wenn Sie sich entschieden haben, können Sie sich alles bequem nach Hause liefern lassen. Und wieder haben Sie dabei keinen Verkäufer zu Gesicht bekommen.

Wenn Sie vor diesem Hintergrund in Ihr Unternehmen blicken, was kann das für Sie bedeuten? Finden Sie in Zukunft überhaupt noch statt?

In Zukunft wird direkter Kundenkontakt seltener und damit wertvoller werden. Gleichzeitig werden die Anforderungen an den Kundenkontakt steigen. Übrig bleiben werden die Probleme, bei denen sich der Kunde selbst nicht helfen konnte oder wollte. Übrig bleiben werden auch jene Prozesse, die zu komplex sind, um sie zu digitalisieren.

Fest steht: „Betreutes Lesen" fällt weg, stumpfsinniges Abarbeiten eines Prozesses nach Schema F wird von Kunden noch weniger toleriert werden als bisher. Die Anforderungen an den direkten Kundenkontakt werden somit auf zwei Ebenen steigen: Erstens auf der Ebene der fachlichen Kompetenz, das heißt echtes, tiefgründiges Wissen und die Fähigkeit, dieses Wissen zu vermitteln, werden mehr denn je gefragt sein. Zweitens auf der Ebene der Begegnungsqualität, also der Art und Weise, wie wir unseren Kunden begegnen und wie wir mit ihnen umgehen.

Egal, welcher Kanal – jeder Kunde zählt. Online, offline, stationär, digital.

Verbinden Sie das Beste aus allen Welten – weil es sowieso eine Welt ist!

Und wenn Sie den Kunden gewonnen haben, dann beginnt die Reise erst richtig!

2.3 SO LANGE KANN EINE KUNDENBEZIEHUNG SEIN

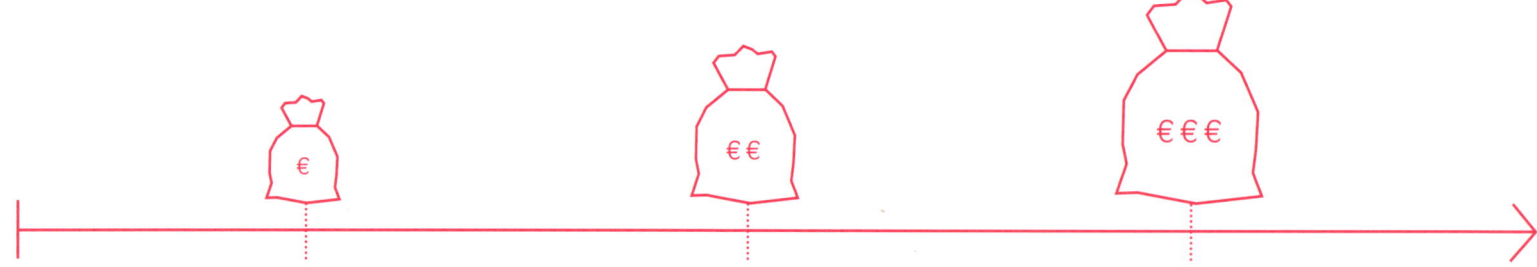

Mein Mann lebte ein paar Jahre in den USA. Während dieser Zeit pendelten wir als Familie zwischen Deutschland und Amerika. Dort kaufte mein Mann einen Drucker. Als er wieder zu uns nach Deutschland zog, brachte er unter anderem auch den Drucker mit.

Der amerikanische Drucker leistete auch bei uns in Deutschland sehr gute Dienste. Irgendwann jedoch kam der Tag, als die letzten Druckerpatronen leer waren und wir neue brauchten. Also, ab ins Internet, Druckerpatronen bestellen. Die Originalpatronen des weltweit tätigen Herstellers gab es auch bei unserem deutschen Büroversender. Schon 24 Stunden später erhielt ich die Lieferung und tauschte die Patronen aus. Leider erkannte der Drucker die Patronen nicht und ich erhielt eine Fehlermeldung, dass die Patronen nicht lesbar seien. Also rief ich im Kundenservice an und schilderte mein Problem. Die Lösung war schnell gefunden. Offensichtlich waren die Patronen defekt und man schickte mir neue.

Neue Patronen, altes Spiel. Ich rief erneut beim Kundenservice an. Um die Sache abzukürzen: Die Patronen hatten eine Länderkennung. Bedeutet, ein amerikanisches Modell nimmt nur amerikanische Patronen an und ein europäisches Modell nur europäische Patronen. Dass ein Drucker nur Originalpatronen akzeptiert und keine generischen Produktkopien und man sich als Unternehmen per Sicherheitstechnik davor schützen möchte, das ist nachvollziehbar.

Doch dass man dem Kunden vorschreiben möchte, wo er seine Patronen kauft, ging unserer Meinung nach doch zu weit. Das war also das Ende unserer Kundenbeziehung mit diesem Hersteller. Der neue Drucker kam vom Mitbewerber.

Wir müssen wissen, wie aufwendig es ist, einen neuen Kunden zu akquirieren. Die logische Konsequenz daraus ist, dass wir versuchen müssen, den Kunden so lange wie möglich zu halten – und mit ihm so viel Umsatz wie möglich zu machen.

Unser Druckerbeispiel ist eher ein Einzelfall. Ohne den Umzug wäre unsere Kundenbeziehung sicher noch viele, viele Druckseiten lang gewesen. Jetzt wenden Sie vielleicht ein, ein Drucker habe doch keinen Akquise-Aufwand. Man stellt ihn in den Laden oder Online-Shop, hängt ein Preisschild dran und wartet, dass er verkauft wird.

Drucker sind jedoch ein schönes Beispiel für eine Bait-and-Hook-Strategie. Der Köder ist ein günstiger Drucker. Der Haken ist hochpreisiges Verbrauchsmaterial. Der Akquise-Aufwand ist hierbei weniger personeller und zeitlicher Natur, wie in den meisten B2B-Bereichen, sondern wird über ein subventioniertes Produkt abgebildet. Weitere bekannte Produktvertreter dieser Strategie sind Rasierer oder auch Kaffeekapselmaschinen. Der Kunde muss lange genug Druckerpatronen, Rasierklingen oder Kaffeekapseln verbrauchen, damit die Geschäftsstrategie aufgeht. Springt er zu früh ab, ist es im besten Fall ein Nullsummengeschäft für das Unternehmen. Diese Strategie setzt voraus, dass das Unternehmen die Kundenbeziehung über einen definierten Lebenszeitraum als Wert betrachtet – den Customer Lifetime Value. Das funktioniert jedoch nur mit einem kundenzentrierten Denken gut. Abgesehen davon: Wenn Sie rein produktzentriert denken, dürften Sie den Drucker nicht subventionieren, da Sie mit dem Verkauf eines jeden Druckers Verlust machen. Aber ohne Drucker verkaufen Sie eben auch keine Druckerpatronen.

Im Konsumgüterbereich ist dies ein sorgfältig austariertes Geschäftsmodell. Doch Vorsicht bei Experimenten damit!

Ein Beispiel: Nehmen wir ein fiktives Unternehmen, das Kochboxen über das Internet im Abo verkauft. Sie verschenken Gutscheine für die erste Bestellung, sagen wir im Wert von 30 Euro. Damit akquirieren Sie viele neue Kunden. Die Ergebnisse der Neukundenakquise sind beeindruckend.

Der Bestell- und der Lieferprozess funktionieren auch reibungslos. Der Kunde bekommt was er bestellt, einfach und zeitsparend geliefert. Alles bestens. Friede, Freude, Kochboxen – sollte man meinen. Allerdings bestellen die Kunden im Schnitt nur fünfmal, bis sie das Abo wieder kündigen. Unser fiktives Unternehmen bräuchte aber mindestens sieben Bestellungen, damit sich die Akquise-Kosten pro Kunde, Customer Acquisition Cost, rechnen. Sie sind also in unserem Beispiel so hoch, dass sie den Wert des Kunden im Kundenlebenszyklus, den Customer Lifetime Value übersteigen.

Was tun?
Zum einen müssen die Akquise-Kosten kritisch durchleuchtet werden und gleichzeitig muss ganz genau geschaut werden, was zu tun ist, damit die Kunden länger bleiben.

Das Ergebnis muss deutlich größer als 1 sein, damit das Modell profitabel ist. Sonst haben Sie ein „Kochboxen-Problem".

Tipp: Damit Sie auf solche zahlenbasierten Erkenntnisse kommen, brauchen Sie eine relevante Zahl an Kundendaten mit Kaufhistorie.

Sollten Sie diese nicht haben, weil Sie ein neues Unternehmen sind oder Sie in Ihrem Unternehmen schlichtweg nicht an die nötigen Daten kommen, arbeiten Sie mit Annahmen, setzen sich ein Budget und überprüfen auf dieser Basis alles ganz genau.

Viele Unternehmen betreiben einen enormen Akquise-Aufwand, umgarnen ihre potenziellen Kunden nach allen Regeln der Kunst, und sobald die Kunden gewonnen sind, glaubt man, jetzt sei die Arbeit getan, und widmet sich mit voller Aufmerksamkeit den nächsten Kunden. Das ist fahrlässig!

Wenn Sie einen Kunden akquiriert haben, muss es Ihr Ziel sein, diesem Kunden einen möglichst hohen Mehrwert durch weitere Produkte oder Dienstleistungen zu bieten.

Das hat für Sie mehrere Vorteile. Die Akquise-Kosten sind bereits getätigt, damit haben Sie eine gute Grundlage für zukünftige Umsätze gelegt. Gleichzeitig steigern Sie so die Vorhersehbarkeit Ihrer

Ertragssituation und reduzieren den Beratungsaufwand pro Kunde. Der Vorteil für den Kunden, vorausgesetzt, Sie machen gute Arbeit: Er hat einen verlässlichen Partner, der sich um seine Belange kümmert und weiß, dass er sich auf Sie verlassen kann.

Alle Kundenbindungsmaßnahmen zielen darauf ab, aus einem Einmalkunden einen Langzeitkunden zu machen und damit den Customer Lifetime Value zu erhöhen.

Und das funktioniert heute nicht mehr über Knebelverträge oder indem man seinem Kunden etwas aufschwatzt, sondern über solide Leistungsqualität, adäquaten Service und echte Problemlösung.

Wenn Sie Ihrem Kunden darüber hinaus weitere positive Erlebnisse verschaffen, dann haben Sie sogar die Chance, aus einem Kunden einen aktiven Empfehler zu machen. Kundenbindung zusammen mit Kundenbegeisterung ist das Optimum. Wie wichtig das ist, erfahren Sie in Kapitel 4.

Um das Potenzial eines Kunden zu erkennen, ist es entscheidend, sich in den Kunden hineinzuversetzen und zu überlegen, wie seine Bedürfnisse aussehen.

Sie erinnern sich an die Empathy Map aus dem vorherigen Kapitel? Was braucht Ihr Kunde in diesem Moment, was braucht er in Zukunft, wie können Sie ihn weiter unterstützen? Welche Produkte und Dienstleistungen können Sie bieten, die der Kunde als Mehrwert empfindet?

Wenn Sie die richtigen Fragen stellen, wird das bereits als Kompass fungieren. Sie werden nicht mehr versuchen, dem Käufer eines großen Sofas noch ein weiteres anzubieten. Diese Strategie verfolgen seltsamerweise immer noch sehr viele Online-Shops. Wie viele Sofas braucht ein Mensch in einer Wohnung? Geschickter wäre es, herauszufinden, was er überdies gebrauchen könnte. Einen Couchtisch, Sessel, ein Bett, einen Esstisch, Stühle, Bilder, Dekoration ...?

KUNDENLEBENSZYKLUS

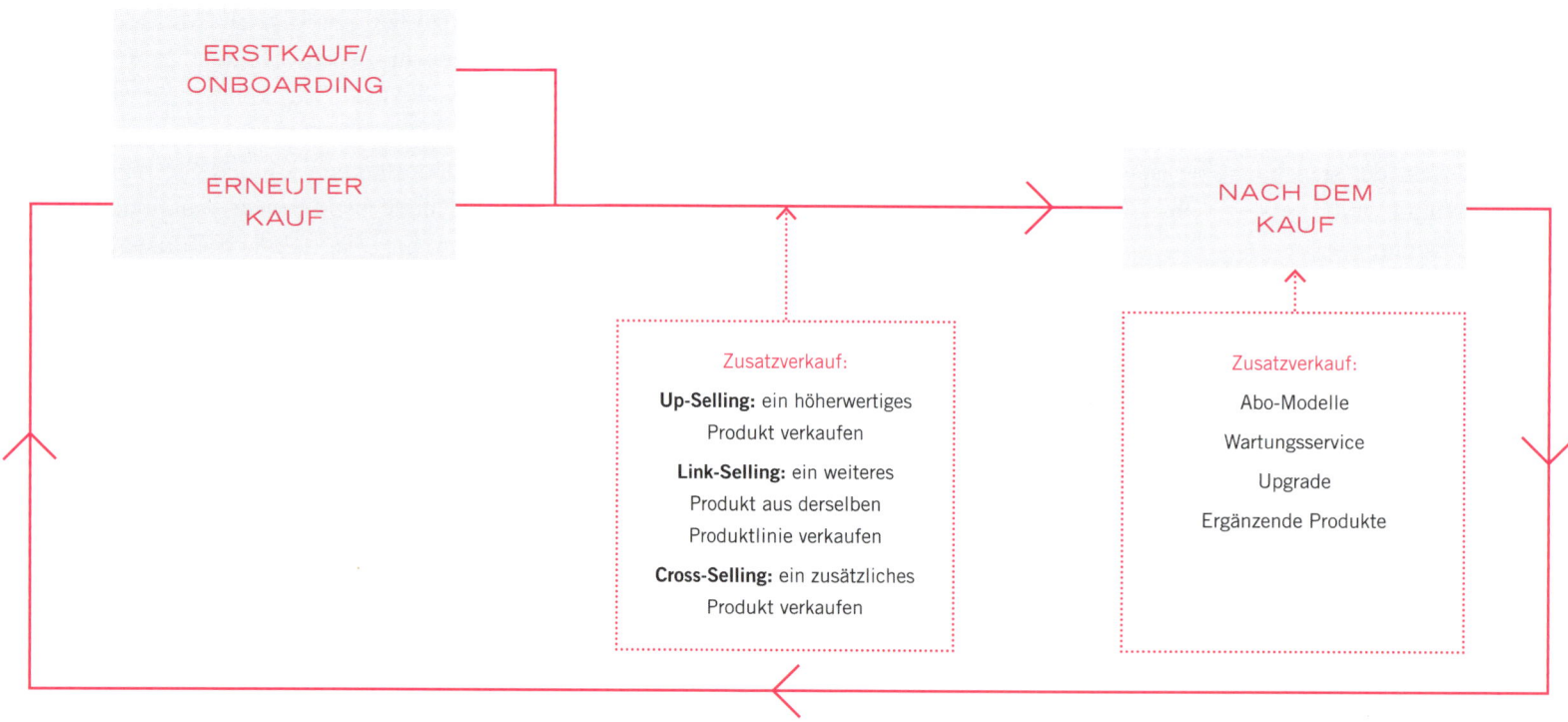

Linktipp: Unter www.dana-arzani.de/jeder-kunde-zaehlt finden Sie ein kurzes Video zum Thema Zusatzverkauf.

Bleiben Sie an Ihrem Kunden dran und versuchen Sie, so viel wie möglich über ihn zu erfahren, damit Sie zur Stelle sind, wenn sich seine Lebensumstände verändern. So denken Sie in Customer Lifetime Value.

Denken Sie in Beziehungen statt in Aufträgen, Transaktionen oder Projekten! Je länger und tiefgreifender die Beziehung zu Ihren Kunden ist, desto mehr Wert schaffen Sie für Ihre Kunden und Ihr Unternehmen!

Weil das Beispiel mit Möbeln einfach erscheint, solange man selbst keine Möbel verkauft, hier noch ein weiteres Beispiel aus der Baubranche. Sie verkaufen dem Kunden ein Küchenfenster aus Kunststoff. Ein neues Küchenfenster braucht dieser Kunde, selbst bei mäßiger Qualität, erst in 15 bis 20 Jahren wieder. Oberflächliches Denken in Customer Lifetime Value würde also ganz schön langwierig, solange Ihr Fokus auf dem Produkt Fenster liegt. Gut, der Kunde hat natürlich mehrere Fenster im Haus, nicht nur das Küchenfenster. Aber selbst wenn alle getauscht wären, wäre es das erst einmal mit dem Umsatz. Nur wenn Sie Ihre Produktpalette sinnvoll erweitern, indem Sie ergänzende Produkte wie zum Beispiel Rollläden, Insektenschutz, Sonnenschutz, Markisen, Innentüren und Haustüren anbieten, würden Sie sich zu einem zuverlässigen Partner für Ihren Kunden rund um Fenster und Türen entwickeln. Und wenn Sie on top auch noch Wartungsverträge anbieten würden, um die Langlebigkeit der Fenster und Türen zu erhöhen, dann hätten Sie damit sozusagen eine Einladung, um Ihren Kunden jedes Jahr wieder zu besuchen und die Kundenbeziehung weiter auszubauen.

Eine Kundenbeziehung kann so lange dauern, wie der Kunde und Sie es möchten.

Dafür brauchen Sie sinnvolle Produkte mit Mehrwert. Gestalten Sie Ihre Kundenbeziehungen aktiv, erhöhen Sie den Customer Lifetime Value und werden Sie ein Team mit Ihrem Kunden. Und wenn doch mal etwas schiefgeht und Sie einen Kunden verlieren, dann gibt es immer noch die Möglichkeit, eine professionelle Kundenrückgewinnung zu starten.

Genug der Inspiration und Überzeugung. Inspirationen und Überzeugungen ohne Taten sind nur Gedankenkonstrukte. Damit Ideen Realität werden, braucht es Taten. Also: Lassen Sie uns eine schöne, sinnstiftende und lukrative neue Kundenwelt gestalten, in der die Arbeit allen Beteiligten richtig Spaß macht und Wert schafft. Also: Ärmel hoch, ran an die Arbeit. Jeder Kunde zählt!

3/

RAN AN DIE ARBEIT: PERSPEKTIVE WECHSELN!

EIN UNTERNEHMEN, EIN TEAM, EIN ZIEL

„Da kann ich leider nichts für Sie tun. Dafür ist Abteilung XY zuständig. Mir sind hier die Hände gebunden."

Wenn Mitarbeiter so ihren Kunden begegnen, dann ist das keine Ausrede, um den Kunden schnellstmöglich wieder loszuwerden, sondern häufig Ausdruck der im Unternehmen vorherrschenden Denk- und Arbeitsweise.

Denken in Abteilungen, Denken in Hierarchien, Denken in Egos – noch immer finden wir diese Denkweise in vielen Unternehmen. Es wird viel gedacht, auch in viele Richtungen, aber selten wird gemeinsam und in eine Richtung gedacht. Das jedoch ist weder im Sinne der Mitarbeiter im direkten Kundenkontakt noch im Sinne des Kunden. Um den Kunden ins Zentrum des Handelns zu stellen, braucht es alle Abteilungen und alle Mitarbeiter des Unternehmens.

Mit Silodenken oder innerbetrieblichen Grabenkämpfen schaffen Sie das nicht. Es reicht nicht, wenn sich nur der Vertrieb vorbildlich um jeden Kunden kümmert und alle nachfolgenden Abteilungen nur ihr eigenes Wohl im Sinn haben und den Kunden als notwendiges Übel betrachten. Das ganze Unternehmen muss zu einer Einheit wachsen, wenn Kundenzentrierung gelebt werden soll.

Dabei geht es nicht darum, dem Kunden alles recht zu machen, ihm jeden Wunsch von den Lippen abzulesen.

Es geht darum, dass Sie mit Ihrem Unternehmen innerhalb Ihres Kompetenzfeldes tatsächlich Verantwortung übernehmen und sich dort richtig um den richtigen Kunden kümmern.

Hier zählt jeder Kunde! Kundenzentrierung geht das ganze Unternehmen an. Deswegen beleuchten wir hier die vier Erfolgsfaktoren der Kundenzentrierung.

Sie erhalten in diesem Kapitel die wichtigsten Schritt-für-Schritt-Anleitungen zur direkten Umsetzung, um Sie schnell an den Start zu bekommen.

Doch bevor Sie loslegen, sollten Sie Klarheit über Ihr Kompetenzfeld und Ihre Zielgruppe haben. Alles beginnt mit der Schärfung der Position. Es geht darum, das Richtige für die Richtigen zu tun. Deswegen ist es entscheidend, dass Sie Klarheit über Ihr Kompetenzfeld und Ihre Zielgruppe haben. Mit Zielgruppe ist an dieser Stelle eine strikt bedürfnisorientierte Sicht auf Ihre Kundenzielgruppe gemeint.

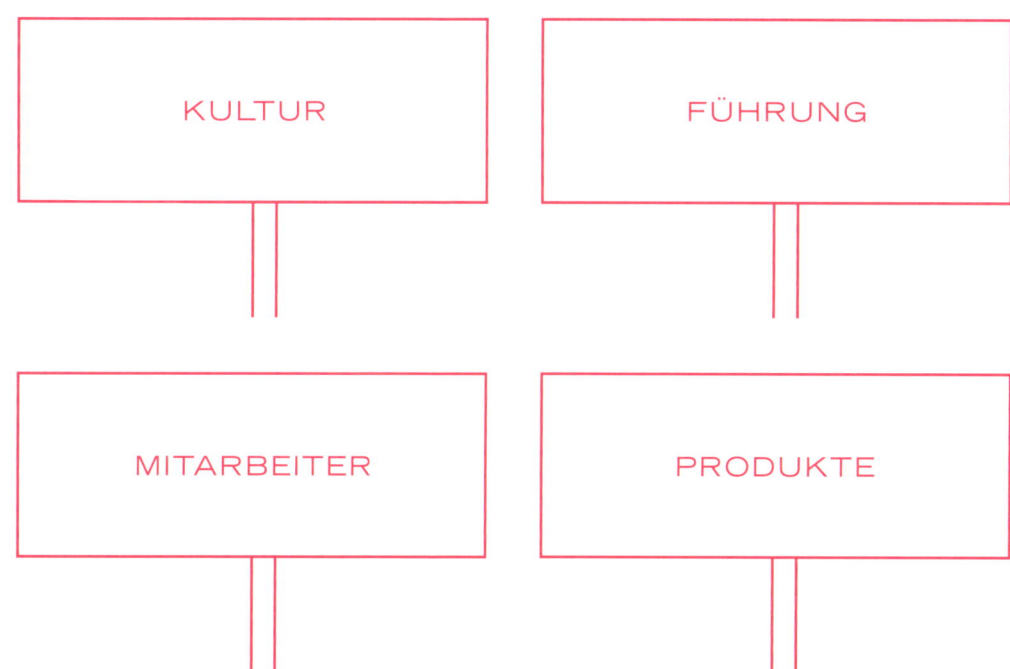

IHR KOMPETENZFELD – IHRE VERANTWORTUNG!

Innerhalb Ihres Kompetenzfeldes bedeutet: Wenn Sie Gartengestalter sind, dann kümmern Sie sich um alle Belange des Kunden im Kontext Garten. Sie kümmern sich nicht um die Innenarchitektur des Hauses. Wenn Sie Berater sind und die Optimierung des Einkaufs verkaufen, dann kümmern Sie sich nur um den Bereich Einkauf des Kunden und nicht um die Unternehmensprozesse im Verkauf. Genauso kümmern Sie sich nur um die Industrieanlagen Ihres Kunden, wenn Sie Maschinenbauer sind. Die Kaffeemaschine in der Cafeteria des Kunden oder die Drucker in seinen Büros sind nicht Ihr Spielfeld.

Ein Gärtner gestaltet Grünräume, da wäre es zur Gestaltung von Wohnräumen doch nur ein kleiner Schritt. Ein Einkaufsberater bräuchte seine Tipps und Strategien nur ein wenig drehen und schon wäre er beim Verkauf. Ein Maschinenbauer versteht genug von Technik und Steuerungen, um auch Kleingeräte reparieren zu können. Ein paar Ersatzteile sind schnell besorgt und der zusätzliche Umsatz beim Kunden wäre doch eine feine Sache. Wo man ohnehin schon mal da ist ...

Wer glaubt, seinem Kunden mit einem möglichst breiten Angebot der beste Partner zu sein, der irrt. Dafür ist unsere Welt zu komplex und die Spezialisierung zu hoch. Sie können Ihrem Kunden viel besser helfen, wenn Sie hochkompetent sind, in dem, was Sie tun. Dafür müssen Sie klare Grenzen ziehen.

Werden Sie in den Augen des Kunden der beste und verlässlichste Partner in Ihrem Kompetenzfeld, den sich der Kunde vorstellen kann.

Erobern Sie sein Kundenherz. Werden Sie so wichtig für Ihre Kunden, dass sie für immer bei Ihnen bleiben möchten.

Das setzt voraus, dass Sie als Unternehmen tatsächlich wissen, wo Ihr Kompetenzfeld liegt, wofür Sie stehen, wofür Sie Verantwortung übernehmen. Und wofür nicht. Dafür müssen Sie die Grenzen Ihres Kompetenzfeldes glasklar ziehen.

03/ RAN AN DIE ARBEIT: PERSPEKTIVE WECHSELN!

**UNSER KOMPETENZFELD
HIER ÜBERNEHMEN WIR VERANTWORTUNG!**

HISTORIE

Woher kommen wir?
Was sind unsere Erfolge der Vergangenheit?

....

....

STÄRKEN

Was können wir richtig gut?
Worauf sind wir stolz?

....

....

Das tun wir.
Hiermit erobern wir die Herzen unserer Kunden.

....

....

....

....

....

↓ www.dana-arzani.de/jeder-kunde-zaehlt

IHRE ZIELGRUPPE – IHRE ENTSCHEIDUNG!

Nicht jeder Kunde ist der richtige Kunde. Sie können nicht für jeden Kunden ein guter Partner sein. Genauso wie nicht jeder Kunde zu jedem Unternehmen passt.

Kundenzentrierung bedeutet, sich auf eine bestimmte Zielgruppe zu fokussieren.

Ein Beispiel: Wenn Sie in der Eventbranche arbeiten, dann können Sie von Hochzeiten über Firmenveranstaltungen bis hin zu Messen und Festivals alle möglichen Events veranstalten und würden damit auch innerhalb Ihres Kompetenzbereichs bleiben. Theoretisch. Praktisch jedoch unterscheiden sich die Anforderungen eines Brautpaares an eine gelungene Hochzeit deutlich von denen einer routinierten Assistentin, die den 30. internationalen Messeauftritt einer Firma koordiniert.

Für die Dimension der Kundenzielgruppen ist es wichtig zu berücksichtigen, dass unterschiedliche Kundengruppen auch unterschiedliche Anforderungen an Sie stellen. Die Eventfirma wird es kaum schaffen, die unterschiedlichen Anforderungen der jeweiligen Interessengruppen auftrags- oder projektbezogen unter einen Hut zu bekommen. Der Beratungsaufwand, der Handlingsaufwand und die Umsetzung der Veranstaltungen sind zu unterschiedlich. Allein sich in jedes einzelne Themenfeld einzuarbeiten, bindet viele Ressourcen. Zu viele. Deswegen ist es wichtig, sich auf eine Kundenzielgruppe zu fokussieren und für diese der Lieblingspartner zu werden. Um in unserem Beispiel zu bleiben: Werden Sie der beste Hochzeitsausrichter, der beste Veranstalter für Firmenevents, der beste Partner für internationale Messen oder der begehrte Favorit, wenn es um Festivals geht.

Werden Sie der absolute Lieblingspartner Ihrer Kundenzielgruppe.

Zentrieren Sie das ganze Unternehmen um diese Kundengruppe herum. Und dann volle Kraft voraus!

03/ RAN AN DIE ARBEIT: PERSPEKTIVE WECHSELN!

UNSERE ZIELGRUPPE
HIER ZÄHLT JEDER KUNDE!

HISTORIE

Wer sind unsere bisherigen Kunden?
Sind das die „richtigen" Kunden für uns?

....

....

ZIELKUNDEN

Wer sollen unsere „richtigen" Kunden werden?
Welche Bedürfnisse haben sie gemeinsam?

....

....

Das ist unsere Kundenzielgruppe.
Für sie werden wir der absolute Lieblingspartner.

....

....

....

....

www.dana-arzani.de/jeder-kunde-zaehlt

Sie können die Anforderungsprofile weiter verfeinern, indem Sie die richtigen Kunden hinsichtlich der generierten Umsätze und Erträge in A-, B- und C-Kunden unterscheiden.

Zwar kümmern Sie sich um jede dieser Kundengruppen gleich intensiv, was die Qualität der Mitarbeiter-Kunden-Interaktion angeht, jedoch gestalten Sie Ihre Dienstleistungen und Serviceleistungen je nach Kundengruppe und deren Anforderungen unterschiedlich.

Selbstverständlich sind Kompetenzbereiche nicht in Stein gemeißelt, sondern verändern und erweitern sich mit der Entwicklung eines Unternehmens. Denken Sie nur jedes Mal daran, was dies für Ihre Produkte, Prozesse usw. bedeutet.

Wenn Sie andere Kundengruppen zu Ihren Kunden zählen möchten, dann überlegen Sie, was das für Ihr Unternehmen bedeutet und wie Sie das stemmen können.

3.1 SO LEBEN SIE EINE KUNDENZENTRIERTE UNTERNEHMENSKULTUR

DAS IST KULTUR!

*„Haben Sie noch einen Tisch frei für zwei Personen?"
„Nein, die Wartezeit beträgt im Augenblick zwei Stunden."
„Oh, zwei Stunden!? So lange möchten wir heute nicht warten. Haben Sie vielleicht eine Empfehlung, wo wir hier in der Gegend sonst noch etwas essen könnten?"
„Also, ich werde den Teufel tun und hier ein anderes Restaurant empfehlen!",
sagte sie und drehte sich um.*

Diese etwas eigenwillige Antwort der Servicekraft eines bekannten In-Restaurants mit zweifellos guter Küche ließ die Kunden sprachlos und unverrichteter Dinge von dannen ziehen. Die Mitarbeiterin kannte zwar das Kompetenzfeld des Restaurants im Sinne von Kapazitätsgrenzen und Leistungsfähigkeit, und so könnte man meinen, sie hätte aus Sicht des Restaurantbetreibers in der geschilderten Situation alles „richtig" gemacht. Der Laden war voll. Soll erfüllt. Wer nicht warten will, soll gehen. Kundenzentrierung? Ja, klar. Wir tun alles für die Kunden, die an unseren Tischen sitzen. Unsere Grenze ist glasklar.
Dennoch ist es wichtig, auch außerhalb Ihrer Grenzen keine verbrannte Erde zu hinterlassen. Wie in einem Unternehmen mit Kunden umgegangen wird, und zwar auch mit denen, die erst zu Kunden werden könnten, entscheidet ein Faktor, der über die reinen Handlungsanweisungen hinausgeht. Dieser Faktor ist oftmals etwas schwer zu fassen, und doch ist er in Unternehmen allgegenwärtig: die Unternehmenskultur. Die vorherrschende Unternehmenskultur entscheidet darüber, ob die Servicekraft als Superheld der Kommunikation gilt, die den Kunden klar zeigt, wo's langgeht und im Unternehmen gefeiert wird. Oder ob sie als arrogante und überhebliche Notbesetzung nur im Extremfall eingesetzt wird, weil sie fast schon eine Zumutung im Umgang mit den Kunden ist.

Die Kultur eines Unternehmens drückt sich in der Art und Weise aus, wie wir mit anderen Kollegen, Vorgesetzten, Lieferanten und eben auch mit den Kunden umgehen. Unternehmenskultur funktioniert wie ein Kompass, der über richtig und falsch entscheidet, der den Mitarbeitern Orientierung gibt und auch Leitlinie dafür ist, wie Kunden das Unternehmen erleben. Unternehmenskultur ist mehr als ein einfaches Lippenbekenntnis. Es ist mehr als das, was in einer sorgfältig formulierten Unternehmensbroschüre steht oder im Internet auf der „Über uns"-Seite zu finden ist. Und selbst wenn Sie nichts dergleichen irgendwo schriftlich festgehalten haben, wird in Ihrem Unternehmen eine bestimmte Kultur gelebt.

Kultur ist immer dort, wo Menschen sind. Kultur entsteht immer dann, wenn Menschen miteinander interagieren. Kultur ist die Art und Weise, wie wir zusammen leben und zusammen arbeiten.

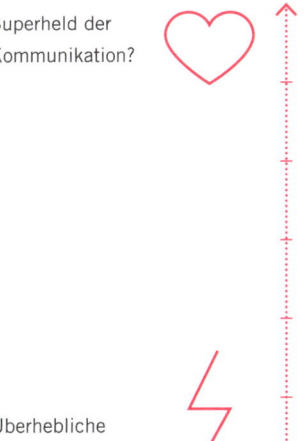

WIE WÜRDE DAS VERHALTEN IN IHREM UNTERNEHMEN GESEHEN WERDEN?

Superheld der Kommunikation?

Überhebliche Notbesetzung

In fast allen Unternehmen gibt es einen deutlichen Unterschied zwischen der offiziellen, expliziten Unternehmenskultur und der inoffiziellen, impliziten Kultur.

Die offizielle Unternehmenskultur beschreibt in Worten, wie etwas getan werden sollte. Die implizite Kultur ist verantwortlich für das, was wir tatsächlich erleben. Diese Unterscheidung erklärt den Unterschied zwischen dem, was in der Unternehmensbroschüre steht oder offiziell behauptet wird, und dem, wie wir das Unternehmen faktisch wahrnehmen.

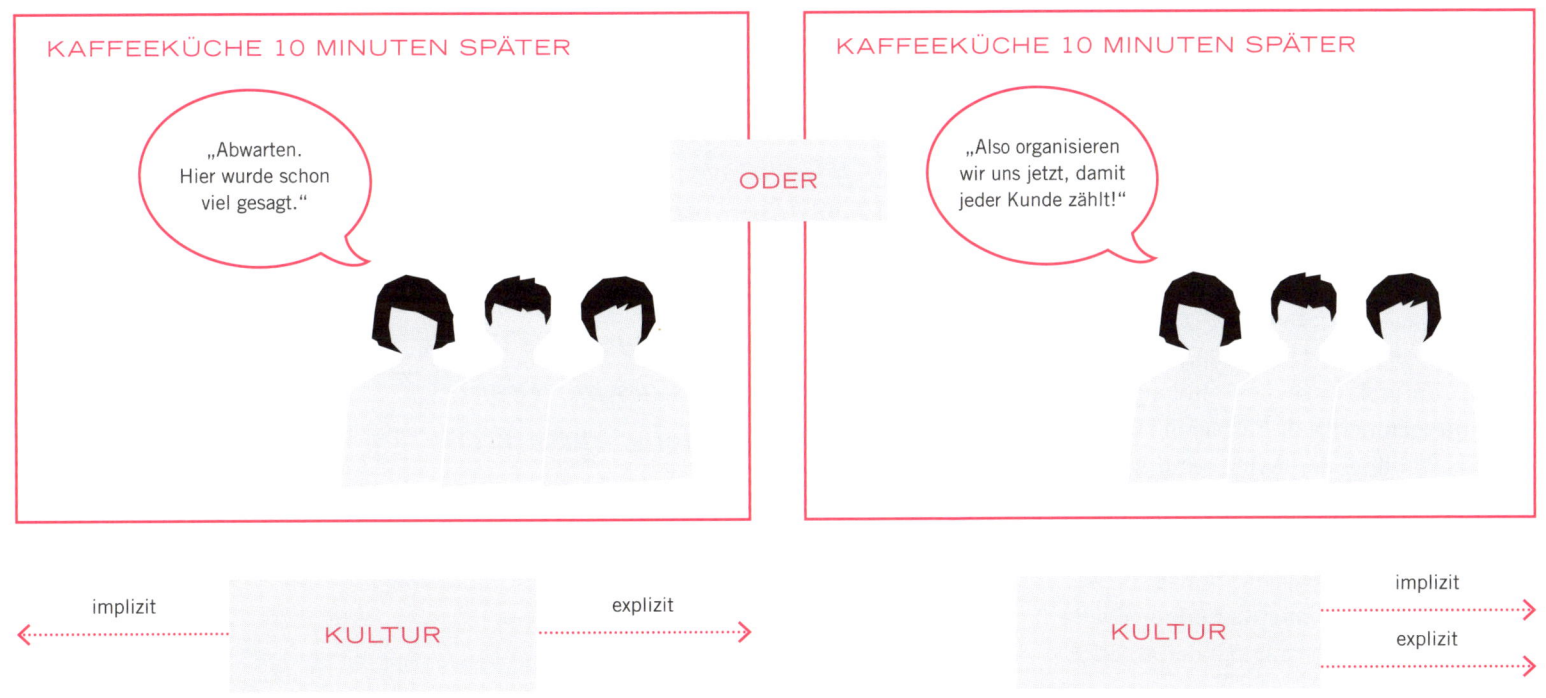

Die Wort-Tat-Differenz vom politisch korrekten Zustimmen des Teams im Meetingraum und der Aussage „Abwarten ..." in der Kaffeeküche ist ein Beispiel, wie explizite und implizite Unternehmenskultur gegeneinander arbeiten. Ziel muss sein, die explizite und implizite Kultur in Einklang zu bringen, wie in dem anderen Szenario geschildert. Wo sich das Team um die Umsetzung kümmert und Worte und Taten im Einklang sind. Die Unternehmenskultur ist auch Ursache für die Haltung der Mitarbeiter gegenüber Veränderungen, der Art und Weise, wie mit Fehlern im Unternehmen umgegangen wird, und last but not least, wie das ganze Unternehmen abteilungsübergreifend tatsächlich miteinander arbeitet.

*Kultur ist, wie wir uns verhalten.
Das Verhalten muss definiert sein,
die Kultur muss kultiviert werden.*

*Strategie ist, was wir tun.
Die Strategie muss definiert sein,
das Ziel des Handelns muss allen
Beteiligten klar sein.*

Sind die anderen Abteilungen Freunde oder Feinde? Ist das ganze Unternehmen ein Team, eine eingeschworene Gemeinschaft mit einem übergeordneten Ziel? Und es ist die Unternehmenskultur, die darüber entscheidet, ob der Kunde Feind, Partner in Crime oder Teammitglied ist, dessen Wünsche oder Bedürfnisse es zu erfüllen gilt. Die Unternehmenskultur entscheidet auch über Gedeih oder Verderb einer neuen Strategie zur Kundenzentrierung.

Unternehmenskultur entscheidet darüber, was das Unternehmen sieht, denkt, fühlt und tut.

Die gute Nachricht: Kultur können Sie gestalten. Wenn dies geschieht, können explizite und implizite Kultur selbstverstärkend wirken. Dann ist es nur noch pures Handwerk, alle Mitarbeiter, Prozesse und Produkte auf echte Kundenzentrierung auszurichten und zu leben.

Nur was im Unternehmen gelebt wird, kann auch vom Kunden erlebt werden.

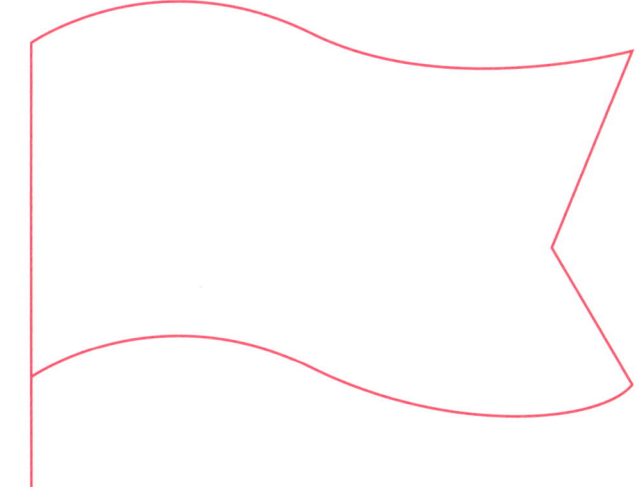

CULTURE CHECK – ERSTE SCHRITTE
LERNEN SIE IHRE UNTERNEHMENSKULTUR BEWUSST KENNEN.

So geht's:

Jede Firma hat ihre eigene Kultur. Machen Sie die ersten Schritte in Richtung Kulturveränderung, indem Sie sich Ihrer Unternehmenskultur zunächst bewusst werden. Je mehr Sie darüber wissen, desto bewusster können Sie gestaltend eingreifen.

Die hier dargestellte Methodik des Culture Check wurde ursprünglich von Simon Sagmeister entwickelt und ist in seinem Buch „Business Culture Design" genau beschrieben. Ich habe sie auf die Anforderungen eines kundenzentrierten Unternehmens weiter angepasst, damit Sie Ihrer Unternehmenskultur gezielt auf die Spur kommen.

Setzen Sie sich mit ein paar Teammitgliedern zusammen. Jeder bearbeitet den Aussagenkatalog des Culture Check zunächst alleine. Kreuzen Sie spontan, sozusagen aus dem Bauch heraus, an, wie Sie die Kultur in Ihrem Unternehmen einschätzen bzw. empfinden.

Dann verbinden Sie die Antworten von oben nach unten, vergleichen Sie die Linien und tauschen Sie sich mit Ihren Kollegen über die einzelnen Punkte aus. Besprechen Sie dabei besonders die Aussagen, bei denen Sie unterschiedlicher Auffassung sind.

Hand auf's Herz:

Haben Sie explizit oder implizit geantwortet? Sprich, haben Sie das angekreuzt, was in Ihrem Unternehmen politisch korrekt ist und offiziell behauptet wird? Oder haben Sie das angekreuzt, was wirklich Sache ist und wie tatsächlich im Unternehmen gehandelt wird?

Unter www.dana-arzani.de/jeder-kunde-zaehlt finden Sie die Checklisten-Vorlage zum Ausdrucken im DIN-Format.

CULTURE CHECK – UNTERNEHMENSKULTUR

	Ja	Oft	Manchmal	Nein
Wir schaffen etwas Sinnhaftes für die Welt.				
Es geht um das große Ganze, nicht nur um uns. Wir sind nur ein Teil.				
Bei uns gilt: je neuer und fortschrittlicher, desto besser.				
Analyse und akribisches Hinterfragen sind unser Schlüssel zum Erfolg.				
Alle sind wichtig. Jeder Mitarbeiter zählt. Wir werden jedem gerecht.				
Wir sind nicht nur Kollegen. Wir sind Freunde bei der Arbeit.				
Wir sind Sieger. Der zweite Platz ist für Verlierer.				
Wir machen nur, was nützlich ist und den besten Effekt bringt.				
Hierarchien und Prozesse sind das Gesetz. Ohne Wenn und Aber.				
Wir haben für fast alles eine Regelung.				
Konflikte vermeiden? Niemals. Konflikte müssen geklärt werden.				
Schnelligkeit und Mut schlägt sorgfältige Überlegung oder Zurückhaltung.				
Was gestern funktioniert hat, funktioniert auch morgen.				
Wir gegen den Rest. Komme, was da wolle.				

CULTURE DESIGN – ERSTE SCHRITTE

Das ist gut, das wollen wir behalten:

Das ist kontraproduktiv, das wollen wir verändern:

Das können wir tun, damit wir unser Ziel erreichen:

Kultur ist komplex. Kultur und Unternehmen sind komplexe Systeme. Alles ist miteinander verwoben und steht in permanenter Wechselwirkung – sowohl zueinander als auch mit der Umwelt.

Innere Faktoren beeinflussen äußere Faktoren und umgekehrt. Das macht sie zu Chaossystemen zweiter Ordnung. Das heißt, egal, wie viele Informationen Sie zur Verfügung haben, Sie werden niemals hundertprozentig genau sagen können, wie sich etwas entwickeln wird, denn auch durch diese Vorhersage verändert sich das System bereits. Es gibt also keine Garantien. Es gibt nur zielführende und Erfolg versprechende Aktionen und weniger zielführende bis schädliche Aktionen oder Reaktionen. Dabei hilft ausprobieren und wachsam beobachten.

Das macht es so spannend, an der Gestaltung von Unternehmenskultur zu arbeiten. Nehmen Sie die Sache also selbst in die Hand und werden Sie aktiv. Die Tatsache, dass Sie anfangen, das Thema bewusster wahrzunehmen, ist bereits der erste kleine Schritt in Richtung Gestaltung. Kultur braucht Pflege. Gestalten Sie die Kultur Ihres Unternehmens nicht aktiv, sondern konzentrieren Sie sich nur auf Einzelmaßnahmen, wie Prozesse zu optimieren, einzelne Abteilungen umzustrukturieren oder Mitarbeiter im Bereich Soft Skills zu trainieren, dann ist das zwar ein Anfang. Mit genügend Beharrlichkeit können Sie so auch einzelne Leuchttürme im Unternehmen schaffen. Aber für ein Unternehmen, das das gemeinsame Ziel hat, die Kunden ins Zentrum zu setzen, müssen Sie die Unternehmenskultur insgesamt pflegen. Denn nach außen, also zum Kunden hin, können Sie nur das dauerhaft und glaubhaft zum Ausdruck bringen, was innerhalb des Unternehmens auch gelebt wird. Wie innen so auch außen. Das gilt in der feinstofflichen Frage der Unternehmenskultur mehr als irgendwo sonst. Unternehmenskultur hat viele Facetten und ist für jedes Unternehmen so individuell wie ein Fingerabdruck.

Es gibt allerdings drei unternehmenskulturelle Erfolgsfaktoren – die Must-haves der Kundenzentrierung – die Sie auf jeden Fall verstärkt pflegen müssen: Teamkultur, Fehlerkultur und Vertrauenskultur.

ECHTE TEAMARBEIT BRAUCHT TEAMKULTUR

Wenn einzelne Abteilungen miteinander konkurrieren und womöglich auch unterschiedliche Zielsetzungen haben, dann wäre es unklug, wenn Mitarbeiter der Abteilung A etwas tun würden, was Abteilung B helfen könnte. „Sollen die doch selber sehen, wie sie klarkommen." oder: „Wir machen nur unser Ding und halten unsere Schäfchen im Trockenen. Sicher ist sicher." Oder: „Wir haben alles richtig gemacht. Es war die Abteilung B, die mal wieder nicht geliefert hat." Wenn Abteilungen nicht mit-, sondern gegeneinander arbeiten, zeigen sich solche Denk- und vielleicht sogar Sprachmuster. Und natürlich macht so etwas nicht vor den Kunden halt. Spätestens dann, wenn es mal eng wird oder Dinge nicht glattlaufen.

Das heißt jedoch nicht, dass Sie alle Wettbewerbsambitionen gleich über Bord werfen sollten. Wie bei allem macht auch hier die Dosis das Gift. So wie es schädliche und kontraproduktive Konkurrenzsituationen gibt, so gibt es auch förderlichen und bereichernden Wettbewerb.

Schaffen Sie in Ihrem Unternehmen eine förderliche und bereichernde Teamkultur.

Eine Teamkultur dient bei Bedarf auch als Sicherheitsnetz. Im Schauspiel gibt es die Regieanweisung „Play to Lift", also handle so, dass der andere gut dasteht und sein Gesicht gewahrt ist und er unterstützt wird. Wenn jeder danach agiert, entsteht eine positive Teamkultur, die sich gegenseitig entwickelt. Im Gegensatz dazu bedeutet „Play for Drama" so zu spielen, dass es aufreibend ist und jede Schwäche der anderen ausgenutzt wird. Drama kann als Zuschauer recht unterhaltsam sein, im Businesskontext ist es hingegen weniger förderlich.

In einem kundenzentrierten Unternehmen brauchen Sie eine Teamkultur, in der aus Überzeugung nach der Maxime „Play to Lift" gehandelt wird. Dadurch erreichen Sie gemeinsam mehr, als alleine oder in einzelnen Abteilungen jemals möglich wäre. Sie inspirieren sich gegenseitig zu Höchstleistungen.

CULTURE CHECK – TEAMKULTUR

	Ja	Oft	Manchmal	Nein
Wir haben echte Teamarbeit im gesamten Unternehmen.				
Wir richten alle Teilziele an unserem Hauptziel aus.				
Wir reagieren als Team nach der Maxime „Play to Lift".				

CULTURE DESIGN – TEAMKULTUR

Das ist gut, das wollen wir behalten:	Das ist kontraproduktiv, das wollen wir verändern:	Das können wir tun, damit wir unser Ziel erreichen:

www.dana-arzani.de/jeder-kunde-zaehlt

KUNDENZENTRIERUNG BRAUCHT FEHLERKULTUR

Fehler passieren uns auch, obwohl wir grundsätzlich eine gute, sogar eine sehr gute Arbeitsqualität liefern. Denn Fehler passieren auch, wenn wir Neues wagen. Weil wir zum Beispiel versuchen, die Dinge für den Kunden, das Unternehmen oder die Mitarbeiter besser zu machen. Und das Beste an Fehlern ist, dass wir aus ihnen lernen können. Lernen wollen und lernen müssen.

Fehler sind die Grundlage für jede Form von Weiterentwicklung.

Immer die gleichen Fehler zu machen und nichts daraus zu lernen, ist Dummheit oder Ignoranz. Das wissen wir. Trotzdem passiert genau das in vielen Unternehmen tagtäglich, Jahr für Jahr. Vor allem dann, wenn Mitarbeiter für Fehler mit aller Härte zur Rechenschaft gezogen werden. Um etwa ein Exempel zu statuieren, was bei Grenzüberschreitungen an Konsequenzen zu erwarten ist. Oder auch um zu zeigen, dass in der internen Konkurrenzkultur mit allen Mitteln gekämpft wird.

Dann ist jeder Fehler ein willkommener Grund, um ein Bauernopfer zu finden. Wenn Mitarbeiter jedoch nur damit beschäftigt sind, sich selbst zu schützen, dann können sie nicht genügend Energie dafür aufbringen, sich tatsächlich um den Kunden zu kümmern. Dann müssen sie Dienst nach Vorschrift machen.

Sie müssen sich an diese Vorschriften klammern, denn alles andere könnte sie den Job kosten. Kundenorientierung oder Kundenzentrierung ist damit nahezu unmöglich. Unternehmerische Weiterentwicklung übrigens auch.

Schaffen Sie in Ihrem Unternehmen eine lernende Fehlerkultur.

Eine Kultur, die es Menschen erlaubt, zu ihren Fehlern zu stehen, daraus zu lernen und die Fehler zu korrigieren. Reagieren Sie als Unternehmen bei Fehlern unbedingt mit „Play to Lift" statt mit „Play for Drama".

CULTURE CHECK – FEHLERKULTUR

	Ja	Oft	Manchmal	Nein
Wir gehen im Unternehmen offen mit Fehlern um.				
Wir lernen im Unternehmen aus Fehlern.				
Ein Fehler – wir reagieren mit „Play to Lift".				

CULTURE DESIGN – FEHLERKULTUR

Das ist gut, das wollen wir behalten:

Das ist kontraproduktiv, das wollen wir verändern:

Das können wir tun, damit wir unser Ziel erreichen:

www.dana-arzani.de/jeder-kunde-zaehlt

VERTRAUEN BRAUCHT VERTRAUENSKULTUR

Vertrauen ist der Klebstoff, der alles zusammenhält. Sowohl beim Umgang mit Fehlern als auch generell beim Umgang mit dem Team. Gesundes Vertrauen macht einen energie- und zeitraubenden Kontrollzwang überflüssig.

Vertrauen reduziert Komplexität.

Vertrauen braucht jedoch die Gewissheit, dass heute und morgen „richtig" gehandelt wird, weil gestern und vorgestern richtig gehandelt wurde. Dafür brauchen Sie vertrauenswürdige Werte, vertrauensfördernde Erfahrungen und echtes Knowhow. Sie können Ihren Kollegen nur dann vertrauen, dass sie ihre Aufgaben erledigen, wenn diese dazu auch tatsächlich in der Lage sind. Wenn Sie wissen, dass die Kollegen nicht in der Lage sind, ein Problem zu lösen oder eine Aufgabe zu erledigen, dann werden Sie ihnen diese auch nicht übertragen. Andernfalls würden Sie nicht vertrauensvoll agieren, sondern fahrlässig. Wenn gar eine negative Absicht wie Konkurrenzdenken dahintersteckt, dann lassen Sie sie ins offene Messer laufen.

Sie bitten Kollegen nur dann um ein Feedback für ein kniffliges Problem, wenn diese wissen, wovon sie sprechen. Sie arbeiten nur gerne mit einer Abteilung an einem gemeinsamen Projekt, wenn diese zum Projektgelingen beitragen kann. Wenn sie dies nicht kann, dann ist sie eher eine Belastung als eine Hilfe. Kurzum: Sie brauchen stets die richtigen Leute im Team. Und selbst wenn diese richtigen Leute Fehler machen, kommt noch etwas Positives heraus. Vorausgesetzt, es gibt eine konstruktive Fehlerkultur.

Schaffen Sie in Ihrem Unternehmen eine gesunde Vertrauenskultur.

Vertrauen kann man nicht befehlen, Vertrauen kann nur geschenkt werden. Vertrauen ist für eine kundenzentrierte Unternehmenskultur so wichtig wie für den Menschen der Sauerstoff zum Atmen.

03/ RAN AN DIE ARBEIT: PERSPEKTIVE WECHSELN!

CULTURE CHECK – VERTRAUENSKULTUR

	Ja	Oft	Manchmal	Nein
Wir haben Vertrauen in unser Unternehmen.				
Wir haben Vertrauen in unser Team.				
Wir haben Vertrauen in unsere Kunden.				

CULTURE DESIGN – VERTRAUENSKULTUR

Das ist gut, das wollen wir behalten:

Das ist kontraproduktiv, das wollen wir verändern:

Das können wir tun, damit wir unser Ziel erreichen:

↓ www.dana-arzani.de/jeder-kunde-zaehlt

Stellen Sie sich diesen Fragen zur Unternehmenskultur.

Handeln Sie ab jetzt bewusst und reflektiert.
Damit fangen Sie an, eine kundenzentrierte
Unternehmenskultur zu leben.

Eine Kulturveränderung ist ein Marathon und kein Sprint.

Kultur ist ein Chaossystem Level 2.
Indem Sie handeln, verändern Sie es!

3.2 SO STELLEN SIE ALS MITARBEITER IHRE KUNDEN INS ZENTRUM

SIE MACHEN DEN UNTERSCHIED

„Jeder Kunde zählt!
Wir werden nicht nur
kundenorientierter,
sondern kundenzentriert."
Was halten Sie davon?

„Das ist nicht das, wofür ich hier angetreten bin. Das ist nicht mehr das Unternehmen, für das ich mich entschieden habe", sagte der Mitarbeiter eines mittelständischen Unternehmens im Coaching on the Job zu mir.
„Wofür bist du denn angetreten und warum ist das jetzt nicht mehr das, wofür du dich entschieden hast?", fragte ich ihn. Wir unterhielten uns konstruktiv und reflektiert über seine Situation.

Dieser Mitarbeiter wusste genau, was er wollte und warum er mit der jetzigen Veränderung Schwierigkeiten hatte. Am Ende fand er durch das Gespräch einen Weg für sich, mit der veränderten Unternehmenssituation umzugehen.
Allerdings hätte dieses Coaching auch anders ausgehen können. Ein ehrliches Gespräch ist grundsätzlich ergebnisoffen. Finden Sie einen gemeinsamen Weg, ist alles gut. Dann können Sie gemeinsam weitergehen und im Team bleiben. Wenn nicht, ist es besser, den Lösungsraum zu erweitern und nach zielführenden Alternativen zu suchen.
Eine Sache gilt jedoch grundsätzlich und unabhängig davon, in welchem Team oder in welchem Unternehmen Sie tätig sind:

Es ist Ihre Aufgabe und Verantwortung als Teammitglied, mit vollem Einsatz bei der Sache zu sein und für das Team und das gemeinsame Ziel einzustehen.

Sie entscheiden, mit welcher Einstellung Sie Ihren Job ausfüllen. Nicht das Unternehmen, nicht Ihre Führungskraft und auch nicht der Kunde. Diese Entscheidung liegt einzig und allein bei Ihnen. Sie entscheiden, wie viel Energie Sie der Aufgabe und dem Ziel tatsächlich zur Verfügung stellen.

Zeit für Klarheit. Seien Sie bitte ganz ehrlich zu sich selbst und beantworten Sie sich folgende Fragen:

WÜRDE ICH SELBST MIT MIR ALS KOLLEGE ARBEITEN WOLLEN?

Ja   Nein   Vielleicht

BIN ICH IN MEINEM DERZEITIGEN TEAM RICHTIG?

Ja   Nein   Vielleicht

BIN ICH AUF DER RICHTIGEN POSITION IM UNTERNEHMEN?

Ja   Nein   Vielleicht

Auflösung:
Dort wo Sie mit Nein oder Vielleicht geantwortet haben, sollten Sie sich fragen: Was brauche ich, damit aus dem Nein oder Vielleicht ein Ja wird? Und dann arbeiten Sie bitte daran, dass sich die Situation entsprechend ändert. Love it, change it or leave it.

Wenn Sie auf alle Fragen voller Überzeugung und ganz spontan mit Ja geantwortet haben, dann wird Ihnen Ihr Job Spaß machen. Glückwunsch! Und genau das brauchen wir.

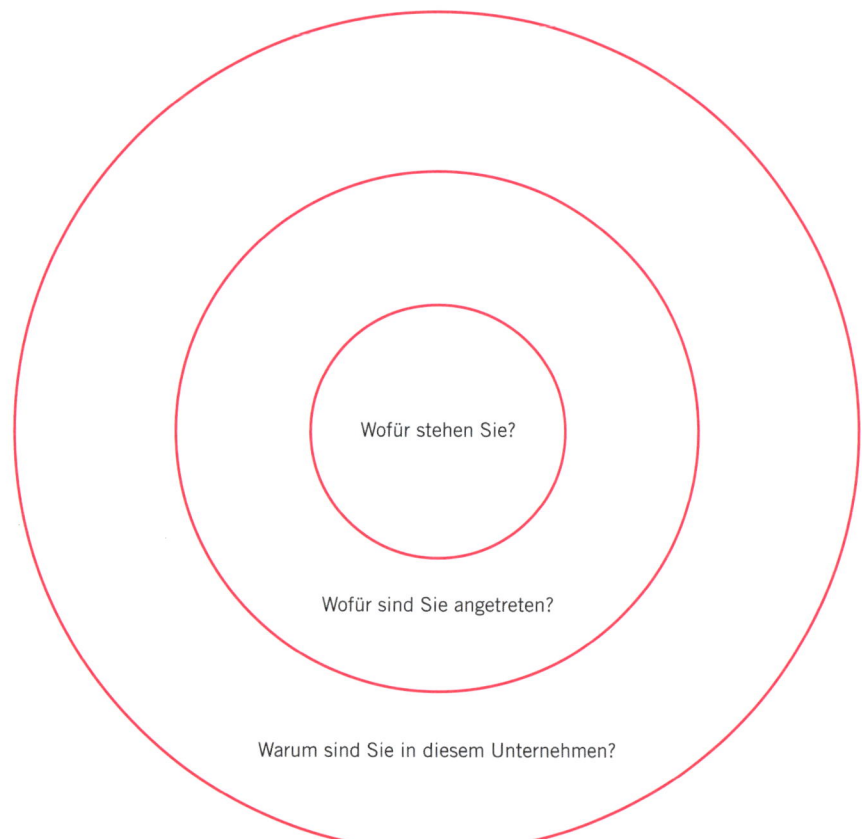

Wofür stehen Sie?

Wofür sind Sie angetreten?

Warum sind Sie in diesem Unternehmen?

WAS TREIBT SIE WIRKLICH AN?

So geht's: Drei vermeintlich einfache Fragen, die es jedoch in sich haben, besonders wenn Sie sich bisher noch nicht damit auseinandergesetzt haben.

Wenn Sie die Fragen schnell beantworten können, dann gibt es dafür zwei Möglichkeiten: Entweder Sie haben sich bereits vorher schon Gedanken darüber gemacht und sind deswegen klar in Ihren Überlegungen. Oder Sie antworten oberflächlich. In diesem Fall empfehle ich Ihnen, das als ersten Schritt zu sehen und noch mal genauer darüber nachzudenken. Denn auf diese Fragen gibt es keine schnelle Ad-hoc-Antwort, die tragfähig ist.

Diese Aufgabe steht für Sie unter www.dana-arzani.de/jeder-kunde-zaehlt zum Download bereit.

Arbeit muss Spaß machen! Denn nur das, was uns Spaß macht, bringt uns Energie, egal, wie schwierig die Aufgaben auch manchmal sein mögen. Wenn wir Spaß haben, sind wir mit Eifer, Leidenschaft und voller Konzentration bei der Sache.

Es ist wichtig, dass Sie genau wissen, was Sie wirklich antreibt.

Um Ihnen die Dringlichkeit wirklich deutlich zu machen, habe ich dazu noch einen letzten Punkt: Wenn wir, ganz klassisch, von fünf Arbeitstagen mit insgesamt 40 Stunden Arbeitszeit pro Woche ausgehen, dann sind das 50 Prozent der aktiven Lebenszeit an diesen Tagen. Sofern Sie mit acht Stunden Schlaf pro Tag auskommen. Dabei sind weder Überstunden noch Fahrzeit berücksichtigt. Wenn Sie Unternehmer oder Führungskraft sind, werden Sie mit 40 Stunden wahrscheinlich nicht hinkommen, das heißt, Sie werden deutlich mehr als 50 Prozent Ihrer Lebenszeit von Montag bis Freitag mit Arbeit verbringen. Rechnen Sie einfach mal für sich selbst.

Jetzt, wo Sie über sich selbst im Klaren sind, geht es darum, wie Sie in Ihrem Unternehmen Kundenzentrierung tatsächlich im direkten Kundenkontakt umsetzen. Damit in der Interaktion mit dem Kunden „Jeder Kunde zählt!" wirklich erlebt werden kann. Doch eines vorweg: Kundenorientierung oder Kundenzentrierung kann auch zu weit gehen, nämlich dann, wenn Sie versuchen, dem Kunden alles recht zu machen oder sich um jeden Preis für den Kunden zu verbiegen. Ersteres ist auf Dauer nicht nur anstrengend, sondern auch ruinös für das Unternehmen, weil zu allem, was der Kunde fordert, Ja gesagt wird. Letzteres ist auf Dauer auch ruinös für Sie, weil Sie ständig gegen Ihre Überzeugungen arbeiten müssen.

Also brauchen Sie ein Leitbild, was Kundenzentrierung in der Umsetzung bedeutet.

KUNDENSERVICE IST KEINE ABTEILUNG

Eine kundenorientierte Haltung beginnt damit, dass Sie den Kunden zunächst annehmen und respektieren.

Das heißt, ihm auf Augenhöhe begegnen. Zugegebenermaßen ist der Begriff überstrapaziert. So wie ich ihn in diesem Zusammenhang verwende, ist menschliche Augenhöhe gemeint und nicht fachliche. Kunden sind Menschen. Sie sind weder König noch Bittsteller. Der König-Status überhöht, der Bittsteller-Status degradiert. Beides ist kontraproduktiv. Echte und souveräne Handlungsfähigkeit funktioniert nur, wenn die Partner menschlich auf Augenhöhe interagieren. Deswegen sprechen wir hier auch von einem Team. Jedes Teammitglied hat unterschiedliche Aufgaben und Erfahrungshorizonte. In einem kundenzentrierten Unternehmen ist der Kunde Teil des Teams. Und ja, auch unser Kunde hat Aufgaben. Die Aufgaben halten wir für ihn so gering wie möglich und wir gestalten sie ihm so angenehm es geht, aber ganz drum herum kommt er nicht. Rechtzeitig den vereinbarten Betrag für unsere Leistung zu bezahlen, ist zum Beispiel eine der Kundenaufgaben.

Zu einer kundenorientierten Haltung gehört das Bestreben, den Kunden tatsächlich verstehen zu wollen.

Der Kunde erwartet, dass wir seine Situation sehen, seine Handlungsmotive und Beweggründe kennen, um ihm mit dem bestmöglichen Produkt, der bestmöglichen Dienstleistung oder einem bestmöglichen Service helfen zu können. Er erwartet, dass wir uns in ihn hineinversetzen, also Empathie zeigen.

Den Kunden zu verstehen bedeutet natürlich nicht, dass wir mit allem einverstanden sind, was er tut und sagt. Wenn uns der Kunde sagt: „Ja, Ihr Produkt ist wundervoll, aber ich zahle Ihnen nur die Hälfte", dann können wir sein Bestreben, Geld zu sparen, zwar verstehen, doch wir werden mit dem vorgeschlagenen Betrag sicher nicht einverstanden sein und nicht nachgeben. Das würde vielleicht den Kunden begeistern, aber Ihr Unternehmen wird das ruinöse Spiel nicht lange mitmachen können. Zu allem Ja zu sagen, ist demnach keine Kundenorientierung, sondern schlichtweg nicht besonders klug. Und wenn der Kunde nach Leistungserbringung gar sagt: „Ja, Ihr Produkt ist sehr gut. Vielen Dank. Aber jetzt zahle ich Ihnen nur noch die Hälfte von dem, was wir vereinbart haben", dann ist das ein justiziabler Regelbruch, denn er verstößt gegen das Handelsrecht. Auch Kundenorientierung hat klare Grenzen, sozusagen einen Spielfeldrand. Das Kunden-Mitarbeiter-Unternehmen-Team spielt innerhalb des Spielfelds ein gemeinsames Spiel mit einem gemeinsamen Ziel. Und während des Spiels halten sich alle an die Spielregeln, andernfalls drohen auch schon mal Sanktionen.

Für Sie selbst bedeutet eine kundenorientierte Grundhaltung vor allem: Bewahren Sie Ihre Authentizität und Echtheit.

Nur dann haben Sie genügend Energie, um sich dauerhaft gut um Ihre Kunden zu kümmern, und auch tatsächlich Spaß daran. Sich permanent zu verbiegen ist extrem kräftezehrend und auf lange Sicht nicht durchzuhalten. Deswegen ist es so wichtig, an Ihrer persönlichen Klarheit zu arbeiten. Wenn es zum Beispiel Ihrer innersten Überzeugung widerspricht, Verständnis für säumige Zahler aufzubringen, werden Sie nur unter allerhöchsten Anstrengungen höflich und professionell mit solchen Kunden umgehen. Immer wieder wird Ihnen der Kragen platzen, weil Sie es einfach nicht verstehen können, warum der Kunde nicht zahlt. Und dann soll man auch noch freundlich sein!? In diesem Fall wäre es vielleicht besser, die Teamposition zu wechseln und sich einen Platz zu suchen, der nicht direkt mit den „Säumlingen" zu tun hat. Also z. B. vom Frontstage-Bereich mit direktem Kundenkontakt in den Backstage-Bereich ohne direkten Kundenkontakt zu wechseln.

Nun ist es zwar wichtig, die drei Aspekte Augenhöhe, Empathie und Echtheit verinnerlicht zu haben, aber letztlich machen sich Ihre Kunden natürlich keine Gedanken um Ihre Einstellung und Haltung. Vielmehr wollen Sie erleben, dass Sie sich tatsächlich um sie kümmern, sie ernst nehmen und verstehen.

Einstellungen und Haltungen werden erst mit Handlungen und Worten sichtbar.

Hier sind die drei wichtigsten Kommunikationswerkzeuge im Umgang mit Kunden. Daran merken Kunden, dass wir tatsächlich an ihnen interessiert sind:

Hören Sie aktiv zu.

Aktives Zuhören bedeutet, dem Kunden aufmerksam zuzuhören, zu verstehen, was er sagt, und mit eigenen Worten von Zeit zu Zeit das Gesagte zusammenzufassen und Verständnisfragen zu stellen. Auf der körpersprachlichen Ebene bedeutet aktives Zuhören, den Kunden anzusehen, Blickkontakt mit ihm aufzubauen und eine zugewandte Körperhaltung.

Stellen Sie die richtigen Fragen.

Fragen zu stellen bedeutet, das Gespräch zu führen. Durch Fragen zeigen Sie Interesse an der Situation des Kunden. Woher sollen Sie sonst wissen, was der Kunde tatsächlich braucht oder möchte und ob Sie ihm helfen können. Wählen Sie je nach Ziel die passende Frageform. Es stehen offene und geschlossene Fragen sowie Tiefen- und Alternativfragen zur Auswahl.

Sprechen Sie positiv und lösungsorientiert.

Positive und lösungsorientierte Sprache bedeutet, Kunden zu sagen, was möglich ist, was Sie tun werden, und nicht, was Sie nicht tun werden. Nur so erlebt er, dass Sie eine Lösung für ihn haben und ihm helfen können. Seien Sie versichert, kein Kunde ist daran interessiert zu erfahren, was nicht geht – obgleich wir solche Situationen im Alltag häufig erleben.

Das sind die Basics, um mit dem Kunden eine positive Beziehungsebene aufzubauen, eine konstruktive Gesprächsatmosphäre zu gestalten und die Kundenbindung zu erhöhen. Darüber hinaus ist das die technische Grundlage für SPARKLE – mehr dazu erfahren Sie in Kapitel 4.

Wenn Sie Ihrem Kunden auf Augenhöhe, mit Empathie und Echtheit begegnen, ihm wirklich zuhören, die richtigen Fragen stellen und lösungsorientiert mit ihm sprechen, dann erlebt Ihr Kunde, dass er Ihnen wichtig ist. Das Erleben ist subjektiv. Sie machen dabei den Unterschied. Je reflektierter und professioneller Sie handeln, desto höher sind Ihre Aussichten auf Erfolg.

Sie sind verantwortlich dafür, wie der Kunde Ihre Arbeit, Ihr Produkt und Ihr Unternehmen erlebt. Agieren Sie im Kundenkontakt oder reagieren Sie? Lernen Sie, zu unterscheiden, und entscheiden Sie situativ, was zielführender ist.

DON'T LOOK AT THIS CHICKEN!

GAME OVER

Das Chicken-Game

Wie lange hat es gedauert, bis Sie das Huhn angesehen haben? Warum haben Sie das gemacht? Die Ansage war doch klar und deutlich. Sie sollten das Huhn NICHT ansehen.

So ergeht es unseren Kunden, wenn wir Ihnen sagen, was sie nicht tun sollen. Schuld daran ist die Funktionsweise bzw. die Reaktion unseres Gehirns. Jeder „verliert" das Chicken-Game.

Achten Sie also unbedingt darauf, positiv und lösungsorientiert mit Ihren Kunden zu sprechen und deren Aufmerksamkeit bewusst auf die richtigen Dinge zu lenken. Möge Sie das Huhn ab jetzt daran erinnern.

SICHER UND SOUVERÄN IM UMGANG MIT DEM KUNDEN

Sicherheit entsteht durch das Vertrauen in Ihre eigenen Fähigkeiten und durch das Wissen, dass das Unternehmen hinter Ihnen steht.

Wenn Sie sich sicher fühlen, dann werden Sie in der Regel auch souverän wahrgenommen.
Souverän zu wirken, ohne Sicherheit zu empfinden, ist Schauspiel. Schauspieler folgen einer Rolle und einem Skript. Das macht sich auf der Theaterbühne und im Film gut. Die Menschen, die das wirklich gut können, gewinnen Oscars und leben in Hollywood. Ihre Kunden jedoch wollen zwar ein reproduzierbares, verlässliches Erlebnis, dabei wollen Sie jedoch nicht nach Skript behandelt werden. Egal, wie professionell es klingt. Denn wenn sie das merken, fühlen sie sich nicht mehr ernst genommen. Und Menschen, die sich nicht ernst genommen fühlen, bauen Abwehrmuster und Widerstände auf. Sie werden misstrauisch. Das Misstrauen auf Kundenseite führt auch bei Ihnen zu Misstrauen und setzt eine sich selbst verstärkende negative Verhaltensspirale in Gang. Das ist evolutionär bedingtes menschliches Verhalten und dient zu unserem Schutz. Diesem Muster folgen Kunden und diesem Muster folgen Mitarbeiter. Ihre Aufgabe ist es, dieses Muster zu durchbrechen und dafür zu sorgen, in Ihrem Tun eine sich selbst verstärkende positive Verhaltensspirale in Gang zu setzen. Zwei Dinge sollten Sie dabei beachten:
Erstens brauchen Sie Vertrauen in Ihre eigenen Fähigkeiten und müssen wissen, was Sie können. Wenn Sie etwas nicht wissen oder nicht können, dann lernen Sie es. Auch auf die Gefahr hin, dass ich mich damit bei Ihnen unbeliebt mache, doch daran führt kein Weg vorbei: Sie müssen Ihren Job beherrschen.
Zweitens sorgen Sie dafür, dem Kunden aktiv Sicherheit zu geben. Das tun Sie, indem Sie positiv und lösungsorientiert mit dem Kunden sprechen und Ihren Worten Taten folgen lassen.

DAS SUPERHELDEN-SPIEL
ENTDECKEN SIE IHRE FÄHIGKEITEN

So geht's:

Sie wissen bestimmt, was Sie gut können und wo Sie noch Entwicklungsfelder haben. Doch was denken andere darüber?
Laden Sie ein paar Kollegen ein und spielen Sie mit ihnen das Superhelden-Spiel. Charakterisieren und skizzieren Sie einzeln oder im Team Ihre Superhelden-Kollegen.

Die Superhelden-Vorlage im DIN-Format wartet auf Sie unter
www.dana-arzani.de/jeder-kunde-zaehlt

Steckbrief

Wie heißt Ihr Superhelden-Kollege?
Warum wird seine Geschichte gelesen?
Was ist die Lieblingsaussage Ihres Superhelden?

Superkräfte

Welche drei Superkräfte hat Ihr Superheld konkret?
Was passiert, wenn er seine Superkräfte einsetzt?

Geheimwaffen

Welche persönlichen Geheimwaffen hat Ihr Superheld?
Auf welche Ressourcen kann er zurückgreifen?

Größter Feind

Wer ist der größte Feind Ihres Superhelden?
Was ist seine persönliche Falle?

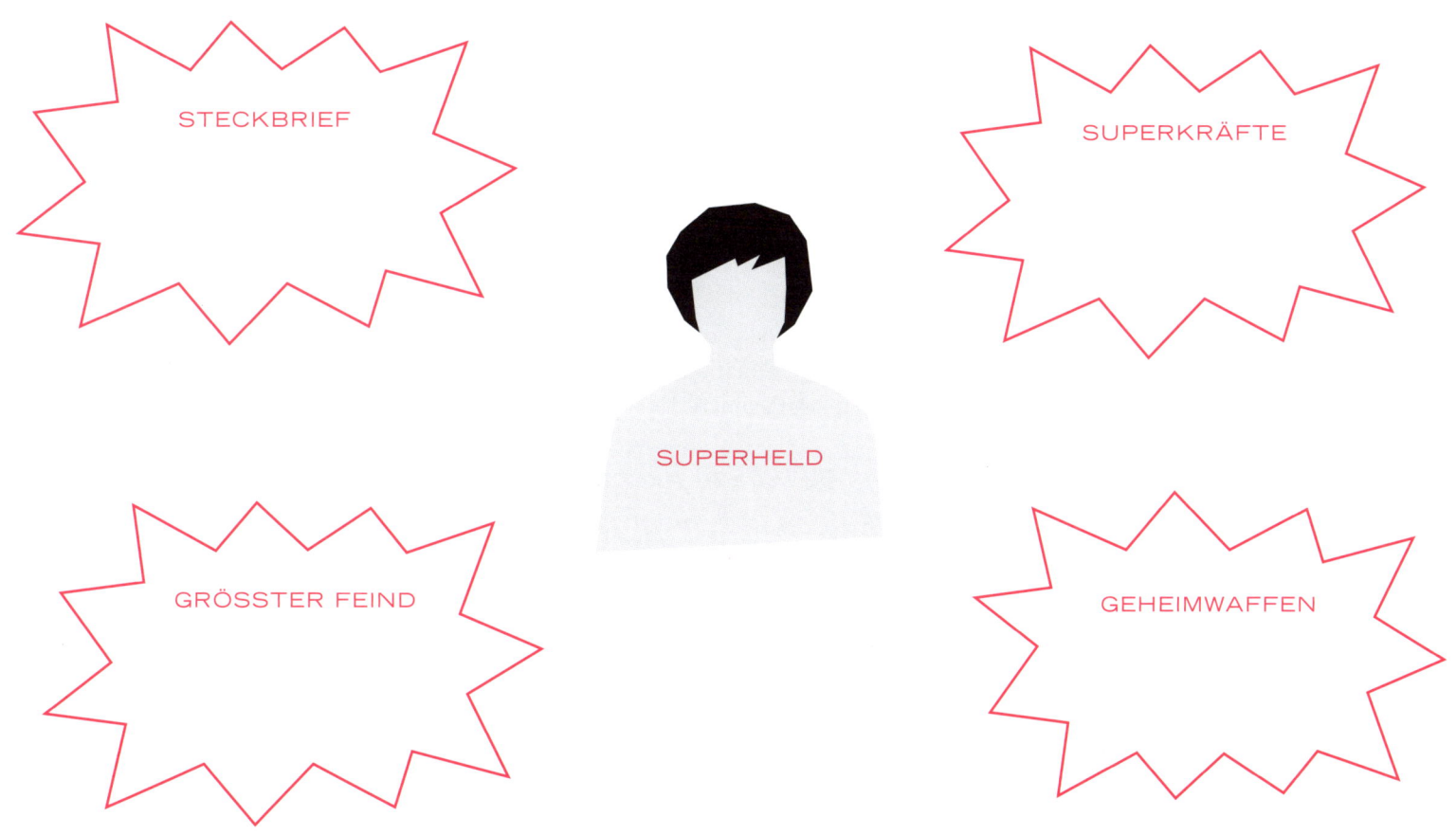

HILFE, WENN'S SCHWIERIG WIRD

Wenn alles glattläuft, der Kunde einsichtig und uns darüber hinaus auch sympathisch ist, fällt es uns leicht, im Umgang mit dem Kunden souverän und zuvorkommend zu sein. Doch was tun wir, wenn es nicht so glattläuft, der Sympathiefaktor gering und die Situation schwierig ist? Spätestens hier zeigt sich echte Kundenzentrierung, und das Prinzip „Jeder Kunde zählt!" kann zum Kraftakt werden. Dann möchten Sie den Kunden nicht mehr freudestrahlend an die erste Stelle setzen. Das ist verständlich, aber leider nicht professionell.

Zudem werden schwierige Situationen uns mit fortschreitender Digitalisierung nicht nur erhalten bleiben, sondern zunehmen. Vielleicht werden das sogar die einzigen Situationen sein, in denen wir überhaupt noch mit dem Kunden direkt in Kontakt kommen. Das gilt sowohl für den Sales-Bereich als auch den Aftersales-Bereich. Auch deshalb lohnt es sich, schwierige Situationen mit Kunden besonders ins Augenmerk zu nehmen.

Der Kunde hat ein Recht darauf, auch in schwierigen Situationen professionell behandelt zu werden.

Wie wir mit Kunden in schwierigen Situationen umgehen, ist eine Make-or-Break-Situation. Wir können in solchen Situationen viel kaputt machen, aber wir können auch viel gewinnen. Wenn wir ein kniffliges Kundenproblem gut lösen, gewinnen wir loyale Kunden, die wissen, dass wir mit ihnen durch dick und dünn gehen.

Als Mitarbeiter können wir auch und gerade in schwierigen Situationen dazu beitragen, dass wir im Sinne des Unternehmens und unserer Kunden handeln, und das so gut, dass unsere Kunden begeistert sind, mehr kaufen, immer wieder kaufen und anderen davon erzählen.

„Wir Mitarbeiter sollen uns professionell verhalten und der Kunde darf machen, was er will" höre ich immer wieder, wenn es in Trainings um kundenorientierte Servicewahrnehmung oder professionelles Beschwerdemanagement geht.

Natürlich darf der Kunde auch nicht machen, was er will. Allerdings liegt der Kunde außerhalb unseres Gestaltungsrahmens.

Wir können nur unser eigenes Verhalten steuern, nicht das der anderen.

In der Regel ist es jedoch so, dass, wenn wir andere gut behandeln, diese auch uns gut behandeln. Wenn wir mit Kunden wertschätzend und auf echter Augenhöhe kommunizieren, werden sie uns in der Regel mit der gleichen Haltung begegnen. Schwarze Schafe sind selten. Sie fallen in der Herde allerdings extrem auf.

Es gibt tatsächlich verschwindend wenige schwarze Schafe. Die meisten unserer Kunden gehören doch zu den „Guten". Michael Tomasello, ein amerikanischer Anthropologe und Verhaltensforscher, hat in seiner Forschung herausgefunden: Wir Menschen sind von Natur aus gut. Wir sind ultrakooperative, moralische Primaten.[11] Das sind gute Nachrichten. Und selbst wenn sich ein Kunde absichtlich bereichert, hat er doch so etwas wie ein schlechtes Gewissen. Seine innere Stimme sagt ihm: „Das hätte ich nicht tun sollen." Vielleicht hört er sie in diesem Moment nicht, sondern erst später, doch auf jeden Fall ist sie da.

WELCHE SITUATIONEN SIND FÜR SIE SCHWIERIG?

....

....

....

WAS GENAU MACHT DIE SITUATIONEN FÜR SIE SO SCHWIERIG?

....

....

....

Manchmal braucht es allerdings auch einfach eine Justierung im Blickwinkel, um das Gute wieder zu sehen. Und manchmal treiben auch Unternehmensprozesse oder ein verunglücktes Mitarbeiterverhalten den Kunden in eine widerspenstig erscheinende Rolle.

Wenn einem Kunden zum Beispiel in einer schwierigen Situation der Geduldsfaden reißt und er sich durch das Verhalten angegriffen fühlt, dann gilt es, eben nicht impulsiv zurückzuschlagen und das Ganze eskalieren zu lassen, sondern die Situation kontrolliert und konstruktiv zu einem Ende zu führen.

Das ist nicht immer leicht, aber das kann man lernen. Alles, was wir neu erlernen, fühlt sich anfangs etwas holprig an.

Es braucht Zeit, bis wir das neue Muster verinnerlicht haben und es sich für uns „normal" und „echt" anfühlt. Damit erweitern wir jedoch unseren Handlungsspielraum und unsere Professionalität.

Es ist die professionalisierte Individualität, die wir im Kundenkontakt anstreben.

Das macht es eben auch bunt und wertvoll. Das ist das Ziel. Nicht das sinnentleerte Nachplappern von vorformulierten Phrasen.

Professionalisierte Individualität heißt, die eigene Echtheit zu bewahren und professionelle Facetten der Persönlichkeit zu zeigen. Achtung: Verwechseln wir Authentizität nicht mit unkontrolliertem Sich-gehen-Lassen.

Echte Kundenzentrierung in schwierigen Situationen findet jenseits eines Skripts statt und braucht auch Raum, Zeit und eine förderliche Unternehmenskultur. Die Themen Vertrauen und Fehlerkultur sind in diesem Kontext ebenfalls wichtig. Sie als Mitarbeiter müssen darauf vertrauen können, dass Ihr Verhalten vom Unternehmen oder der Führungskraft mitgetragen wird. Und sollte trotz aller Reflexion und Professionalität mal etwas aus dem Ruder laufen, brauchen Sie darüber hinaus das Vertrauen, dass Sie fürs nächste Mal daraus lernen können und es anders und besser machen.

Beschwerden sind wertvolle Hinweise des Kunden und haben absolute Priorität.

Wie wir mit dem Kunden umgehen, entscheidet darüber, ob er bei uns bleiben möchte oder nicht. Das gilt für alle Situationen und ganz besonders für schwierige Situationen. Das Wie entscheidet über das Ob. Unser Ziel muss es daher sein, dass wir im Umgang mit dem Kunden zu jeder Zeit die Beziehung im Blick behalten. Beziehung braucht Pflege!

Mit diesen Fragen behalten Sie die Kundenbeziehung im Blick:

WIE GUT IST DIESE KUNDENBEZIEHUNG GERADE?

....

WOMIT KANN ICH SIE VERBESSERN?

....

WAS KOSTET ES MICH/DAS UNTERNEHMEN?

....

WAS BEDEUTET DAS FÜR DIESE KUNDENBEZIEHUNG?

....

ERHÖHE ICH DAMIT DEN WERT DIESES KUNDEN?

....

ZEHN CENT!?

„Ist das Ihr Ernst? Ich bekomme eine 120-Euro-Reparaturrechnung für ein Ersatzteil, das laut Rechnung zehn Cent kostet, nur weil Sie mir dazu zwei Monteure schicken, da diese beiden ohnehin gerade zusammen im LKW sitzen? Und das, obwohl ein Monteur vollauf genügt hätte!? Das muss doch ein Fehler sein!", erboste sich der Produktionsleiter eines renommierten Unternehmens beim Buchhalter der auf Industriereparaturen spezialisierten Firma. Der Buchhalter erwiderte trocken und sachgemäß: „Ja, laut Reparaturauftrag ist das so. Das wurde von Ihrem Unternehmen auch so abgenommen und unterschrieben. Das ist kein Fehler." „Wer hat das unterschrieben?"

Der Buchhalter las einen Namen vor, den er glaubte zu entziffern. „Nein, den gibt es bei uns nicht." Es ging hin und her, und irgendwann einigten sie sich doch auf eine Person im Unternehmen, die das Protokoll tatsächlich unterschrieben haben könnte. Der Buchhalter schickte das Beweisstück „Abnahmeprotokoll" gleich pflichtbewusst per Mail an den Kunden und hoffte insgeheim, ihn damit beschwichtigt zu haben. Doch nun war der Kunde erst richtig in Rage. „Das ist doch eine Frechheit, für so eine Lappalie so viel Geld zu verlangen. Wir beauftragen so viele Reparaturen bei Ihnen und lassen alle Wartungsdienste turnusgemäß bei Ihnen ausführen. Warum hat

mir der Sachbearbeiter denn nicht gesagt, dass das so ein Aufwand ist, dann hätte das doch warten können. Ab jetzt werde ich für jede Reparatur ein schriftliches Angebot bei Ihnen einholen und Vergleichsangebote obendrein.", wetterte er weiter. Der Buchhalter, dessen Verständnis für die Kundenseite wegen lächerlicher 120 Euro von Beginn an nicht vorhanden war, ergriff die Chance, den Kunden an den Sachbearbeiter weiterzuverbinden, um ihn die Sache klären zu lassen. Dort ging es allerdings auch nicht besser weiter, denn am Ende hatte das Unternehmen einen Kunden mit einem mittleren fünfstelligen Jahresumsatz weniger. Warum? Weil mit einer Reparatur über 120 Euro und einem Wareneinsatz von zehn Cent schlecht umgegangen worden war.

Sie können an die geschilderten Beträge so viele Nullen hängen, wie Sie möchten, die Situation bleibt im Kern immer die gleiche. Dem Kunden ging es um missbrauchtes Vertrauen und das Gefühl, übervorteilt worden zu sein. Man hätte die Situation schon im Gespräch mit dem Buchhalter deutlich eleganter und kundenorientierter lösen können und müssen, auch wenn dieser letztlich nur die Folgen der Auftragsannahme ausbaden musste. Dieses Beispiel zeigt auch, wie sehr in einem Unternehmen alles miteinander verwoben ist und warum es wichtig ist, als Team an einem Ziel zu arbeiten. Hätte man den Kunden gleich bei der Auftragsannahme gut beraten und ihm in etwa Folgendes gesagt: „Alles klar, lieber Kunde, das Ersatzteil haben wir da, wir können das also erledigen. Ich kann Ihnen jetzt zwei Möglichkeiten anbieten: Ich kann Ihnen in einer Woche jemanden vorbeischicken, dann sind allerdings zwei Monteure auf der Tour. Dabei entstehen für Sie etwa 120 Euro Reparaturaufwand. Oder wir erledigen die Kleinigkeit mit der nächsten Wartung in vier Wochen, dann liegt der Aufwand bei 40 Euro. Wie wollen Sie es machen?"

So hätte der Kunde einen souveränen Sachbearbeiter erlebt, der sich auch tatsächlich um seine Belange kümmert, Weitsicht beweist, indem er die Kundenperspektive einnimmt, und Empathie zeigt. Der Kunde hätte entscheiden können, welche Lösung er favorisiert und wie viel ihm die Sache wert ist. Danach hätte er die Auftragsbestätigung bekommen und gewusst, dass sein Anliegen in seinem Sinne gelöst wird. Den Anruf in der Buchhaltung hätte es nie gegeben.

Jeder Kunde ist in der Lage, Entscheidungen zu treffen und Teil des Teams zu sein. Es geht darum, gemeinsam mit dem Kunden, statt für den Kunden zu denken und ihn zu bevormunden.

*Top drei Handlungstipps für Ihr
direktes Zusammenspiel mit Ihren Kunden:*

1. *Sie sind das Unternehmen. Übernehmen Sie
   Verantwortung für Ihr Tun gegenüber dem Kunden.*

2. *Wenn Sie als Person oder als Unternehmen
   einen Fehler machen, stehen Sie dazu.
   Wenn der Kunde einen Fehler macht, helfen Sie ihm.*

3. *Pflegen Sie Ihre Beziehung zum Kunden sorgfältig,
   aufmerksam und individuell.*

3.3 SO FÜHREN SIE MIT DEN AUGEN DES KUNDEN

DAS SIND DIE AUFGABEN

„Ob das geht, weiß ich nicht. Da muss ich mal meinen Chef fragen."

Wenn Sie als Führungskraft einen Mitarbeiter bei solchen Aussagen gegenüber Kunden beobachten, dann sollten Ihre Alarmglocken schrillen. Sie sind ein eindeutiges Indiz dafür, dass Ihr Mitarbeiter entweder nicht genügend Handlungsspielraum hat oder seine Kompetenzen Entwicklungsbedarf haben.

Ihre wichtigste Aufgabe als Führungskraft ist es, dafür zu sorgen, dass Ihre Mitarbeiter den direkten Kundenkontakt erfolgreich und idealerweise begeisternd gestalten können. Sie sind verantwortlich dafür, die richtigen Leute an der richtigen Stelle zu haben, dass sie mit den richtigen Skills ihre Arbeit erledigen können, und alle Unternehmensprozesse so zu strukturieren, dass die Zusammenarbeit von Mitarbeitern und Kunden reibungslos verläuft. Sie sind dafür da, ein offenes Ohr zu haben, wenn Ihre Mitarbeiter mit wertvollen Kundenhinweisen kommen, um den Kundenkontakt in Zukunft noch erfolgreicher zu gestalten. Kurzum, Sie sind dafür da, Ihren Leuten den Rücken frei zu halten.

Das ist eine große Aufgabe. Eine Aufgabe, die neben Fach-, Organisations- und Prozesswissen vor allem einen guten Umgang mit Menschen erfordert.

Erfahrungsgemäß werden Führungskräfte darauf allerdings nur selten vorbereitet. Denn wahrscheinlich verlief Ihr Karrierepfad, und das meine ich mit dem allergrößten Respekt, so wie bei den meisten anderen auch. Sie haben in Ihrem Job, für den Sie ausgebildet sind und in den Sie sich eingearbeitet haben, außergewöhnliche Fähigkeiten gezeigt. Weil Sie das so gut gemacht haben, sind Sie befördert worden. Immer wieder. Und irgendwann hatten Sie Personalverantwortung. Dafür wurden Sie wahrscheinlich nicht weitergebildet oder trainiert, sondern Sie erarbeiteten sich Ihre Führungs-Skills durch Learning by Doing. Nun ist es allerdings etwas völlig anderes, Sachen selbst zu bearbeiten, als andere Menschen dazu zu befähigen, den Job zu erledigen.

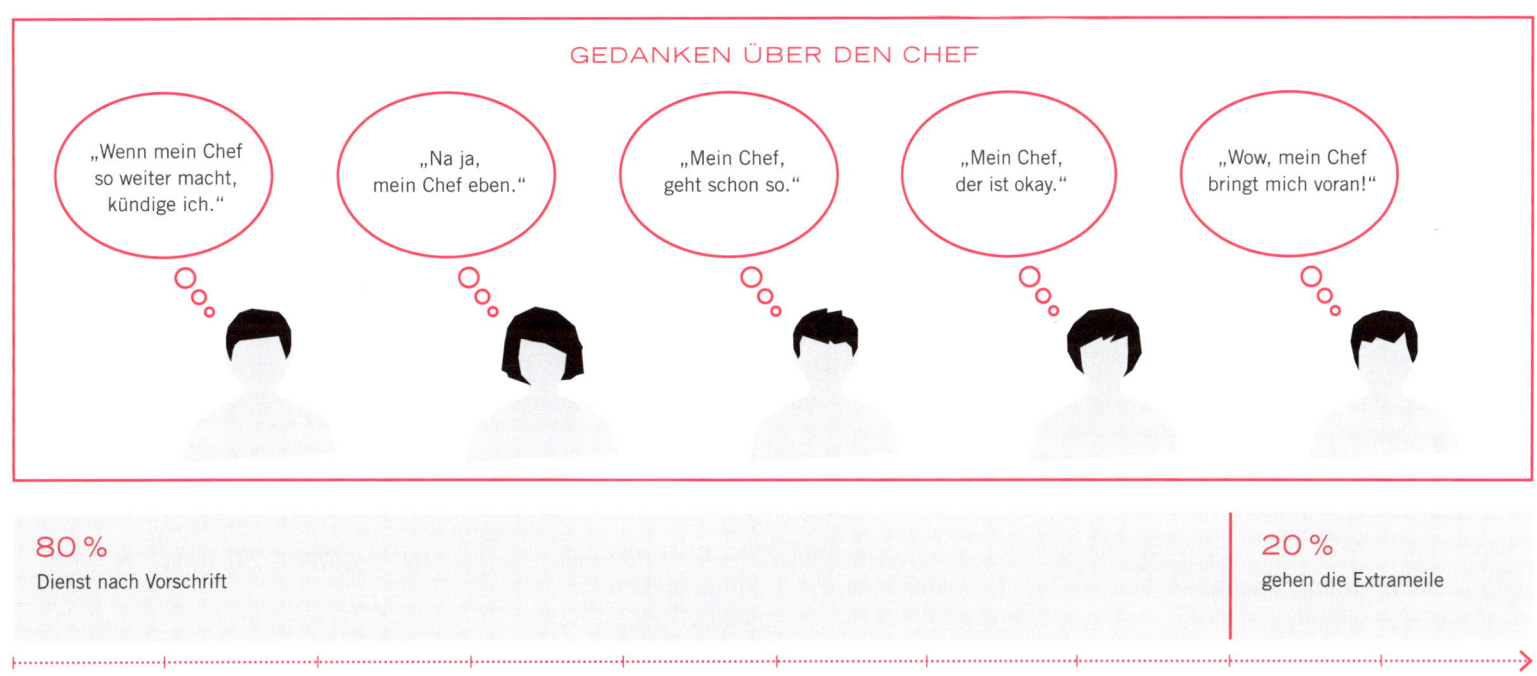

Laut Engagement Index[12] von Gallup, der seit 2001 jährlich erstellt wird und die emotionale Bindung und Motivation bei der Arbeit ermittelt, sagt gerade mal jeder fünfte Arbeitnehmer, dass die erlebte Führung ihn motiviere, hervorragende Arbeit zu leisten. Einer von fünf Arbeitnehmern hat in den letzten zwölf Monaten daran gedacht, wegen seines direkten Vorgesetzten zu kündigen. Die drei anderen sind gegenüber den Leistungen ihrer Führungskraft mäßig positiv bis neutral eingestellt. In der Konsequenz bedeutet dies, dass 80 Prozent der Mitarbeiter eher Dienst nach Vorschrift machen, denn willens sind, hervorragende Arbeit abzuliefern. Das Problem ist, dass Sie mit durchschnittlichen Leistungen in puncto Kundenzentrierung oder Kundenbegeisterung keinen Blumentopf gewinnen.

„Bei mir ist das anders. Ich bin eine gute Führungskraft und meine Mitarbeiter sind engagiert bei der Sache."

Mit solch einer Aussage würden Sie sich in guter Gesellschaft befinden. 97 Prozent aller Führungskräfte glauben, sie selbst wären eine gute Führungskraft und sind sich ihrer eigenen Entwicklungsmöglichkeiten im Umgang mit Mitarbeitern gar nicht bewusst. Es gibt also auch hier einen Unterschied zwischen Selbstbild und Fremdbild. Ähnlich wie in der Selbsteinschätzung zur Kundenorientierung.

Die Aufgaben einer Führungskraft sind eine Sache. Entscheidend ist jedoch, wie Sie das im Alltag umsetzen und Ihre

Ihre Aufgabe als Führungskraft ist es, die emotionale Bindung Ihrer Mitarbeiter zu erhöhen und sie zu befähigen, für Ihre Kunden auch die Extrameile zu gehen und gehen zu wollen.

Rolle tatsächlich mit Leben füllen, damit Ihre Mitarbeiter sich mit voller Energie auf die Kunden konzentrieren können. Wie können Sie zu einer Führungskraft werden, deren Mitarbeiter zu wahren Höchstleistungen auflaufen? Wie können Sie zu der Führungskraft werden, bei der die Mitarbeiter denken: „Wow, mein Chef bringt mich wirklich voran!"

Ich habe hier die wichtigsten Ansatzpunkte und Hintergrundinformationen zusammengestellt, die sich aus meiner Trainingstätigkeit in diesem Zusammenhang als die zielführendsten herauskristallisiert haben. Da alle Aspekte unmittelbar miteinander verwoben sind und sich gegenseitig verstärken, empfehle ich Ihnen, folgendermaßen vorzugehen:

Verschaffen Sie sich einen Überblick, beleuchten Sie für sich alle Themen genau und starten Sie dann mit dem Thema, das Ihnen am dringlichsten erscheint.

MOTIVATION – NICHT NÖTIG!

Beginnen wir mit dem Thema Motivation: Es ist nicht Ihre Aufgabe, Ihre Mitarbeiter dazu zu motivieren, ihren Job zu machen. Jeder einzelne Mitarbeiter trägt selbst die Verantwortung, motiviert zur Arbeit zu erscheinen.

Sehr wohl ist es jedoch Ihre Aufgabe, die passenden Rahmenbedingungen zu schaffen, damit die Leute ihren Job machen können und nicht durch komplizierte Prozesse, Vorschriften oder ein schlechtes Arbeitsklima systematisch demotiviert werden. Wir sprechen hier nicht von den menschlich normalen Ups und Downs. Jeder hat mal einen schlechten Tag und eine schwierige Lebensphase. Das gehört dazu. Dann heißt es, den Kollegen mental zu unterstützen und ein echter Teamplayer zu sein, bis der andere Mitspieler wieder voll einsatzfähig ist. „Play to Lift", das macht ein gutes Team aus. Wenn Sie einen Mitarbeiter jedoch immer und immer wieder „motivieren" müssen, seine Arbeit zu tun, läuft etwas grundlegend falsch. Dann sollten Sie sich überlegen, ob Sie den richtigen Mitarbeiter an der richtigen Stelle haben.

Wenn Mitarbeiter das tun, was sie gut können, worin sie Sinn sehen und eine Weiterentwicklung erleben, dann sind sie intrinsisch motiviert.

Die Motivation kommt dann aus ihnen selbst heraus und wirkt wie ein innerer Motor.

Extrinsische Motivation dagegen funktioniert von außen und über Belohnung.

Das sind zum Beispiel mehr Geld, größere Statussymbole, höhere Positionen oder Bestrafung, finanzielle Einbußen, materieller oder sozialer Statusverlust. Mitarbeiter, die ausschließlich extrinsisch motiviert sind, stellen ihre Tätigkeit sofort ein, sobald die extrinsischen Faktoren, wie Belohnung oder Bestrafung wegfallen oder umgangen werden können.

03/ RAN AN DIE ARBEIT: PERSPEKTIVE WECHSELN!

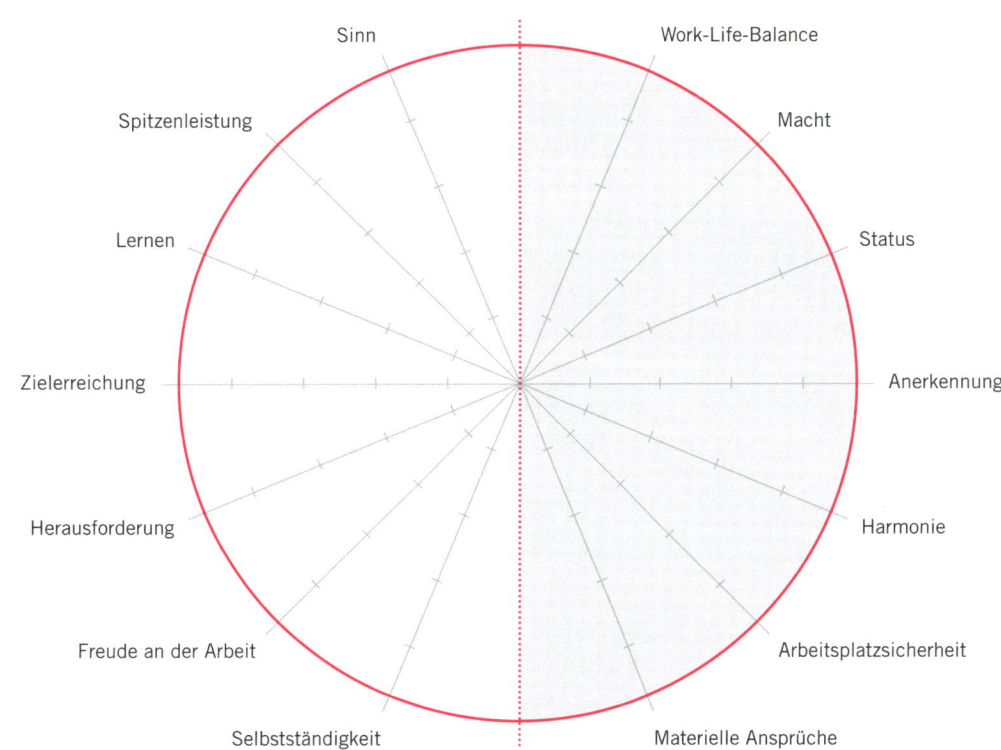

WAS MOTIVIERT SIE?

So geht's:
Tragen Sie Ihre Einschätzung in die Skalen ein, verbinden Sie die Linien und machen Sie Ihre persönlichen Motivatoren sichtbar.

Auf der linken Seite sehen Sie die intrinsischen und auf der rechten die extrinsischen Motivatoren.

www.dana-arzani.de/jeder-kunde-zaehlt

125

Der bisherige Blick auf Motivation, war ein rationaler, technischer. Betrachten wir jetzt Motivation auf eine emotionale Art: Begeben Sie sich mit mir auf Ihre persönliche Zeitreise der Motivation. Drehen Sie die Zeit zurück und erinnern Sie sich an Ihre erste Zeit im Job. Wie war das damals? Wie haben Sie sich gefühlt? Mit welcher Motivation sind Sie angetreten? Was waren Ihre Erwartungen? Wie haben sich Ihre Erwartungen erfüllt? Denken Sie ruhig etwas darüber nach und lassen Sie die Zeit Revue passieren. Wie haben sich Ihre Motivation und das damit verbundene Gefühl mit der Zeit verändert? Nun drehen Sie die Zeit langsam etwas weiter und denken an Ihren ersten großen Karriereschritt.

Wann war das? Welcher Job war das? Was ging Ihnen durch den Kopf? Vermutlich waren Sie mächtig stolz auf sich, haben sich gefreut, konnten es kaum erwarten, endlich anzufangen, und hatten große Pläne, was Sie alles tun und verändern würden. Gleichzeitig hatten Sie auch Respekt vor der Situation. Mit diesem Spirit, voller Energie und positiver Anspannung, haben Sie sich in Ihrem schönsten Business-Outfit an Ihrem ersten Arbeitstag auf den Weg gemacht. Das besondere Gefühl dieses ersten Arbeitstages möchten Sie für sich und Ihre Mitarbeiter haben, wenn sie morgens zur Arbeit erscheinen. Nicht das von Woche sieben, Monat zwölf oder Jahr zwei. Nein, Sie wollen das Gefühl vom ersten Tag.

> **To-do Motivation:**
>
> Schaffen Sie motivierende oder motivationserhaltende Arbeitsbedingungen, indem Sie:
>
> a. die richtigen Leute an die richtige Stelle im Team setzen,
>
> b. so viele störendende Rahmenbedingungen wie möglich aus dem Weg räumen,
>
> c. eine inspirierende, fordernde und fördernde Führungskraft sind.

NEUE UND ALTE TALENTE

Bringen Sie die richtigen Teammitglieder an die richtige Stelle und stellen Sie ihnen all das zur Verfügung, was sie für ihren Job brauchen.

Das ist einfach gesagt und schwer umzusetzen. Ihre Aufgabe ist es, die besten Leute für Ihr Team zu gewinnen, die Sie nur finden können, und keine faulen Kompromisse einzugehen.
Suchen Sie die Mitarbeiter, die von ihrer Einstellung, ihren Werten und ihren Fähigkeiten her am besten zu der Teamposition passen. Suchen Sie Talente mit innerem Antrieb und Leistungsanspruch. Dann ermöglichen Sie ihnen Zugang zu allen relevanten unternehmens- und jobspezifischen Wissensinhalten, bieten ihnen Trainings an und sorgen für eine gute Einarbeitung – und schon können Sie Verantwortung übergeben. Und zwar ruhigen Gewissens. Die richtigen Leute an der richtigen Stelle werden die ihnen übertragene Verantwortung mit Freude, Stolz und Umsicht tragen. Und sie werden Spaß daran haben, sich zusammen mit Ihnen und dem Team weiterzuentwickeln und besser zu werden.
Räumen Sie gemeinsam so viele störende Rahmenbedingungen wie möglich aus dem Weg. Damit Sie sich mit Ihrem Tun voll und ganz auf die Kunden konzentrieren können. Dafür ist es wichtig, dass Sie Talente und Teamposition wirklich gut in Einklang bringen.

Schauen Sie, ob Sie I-, T-, Pi- oder Kammtalente brauchen, nehmen Sie sich Zeit, und sortieren Sie Ihre Anforderungskriterien präzise. Was ist ein Must-have, was ein Nice-to-have und was kann erlernt werden.

WELCHE TALENTE BRAUCHEN SIE?

I-Talente

Das sind klassische Spezialisten. Sie beherrschen eine Sache, und die idealerweise exzellent. Sie kennen sich nur in ihrem Fachgebiet aus und sind kaum anschlussfähig.

T-Talente

T-Talente sind anschlussfähige Spezialisten. Sie können eine Sache wirklich gut und kennen sich ebenfalls in den Grundzügen mit anderen Dingen aus.

Pi-Talente

Pi-Talente sind T-Talente in Weiterentwicklung. Das heißt, sie sind entwickelte Experten, die sich in ein weiteres Themenfeld einlernen.

Kammtalente

Nach dieser Logik werden dann aus Pi-Talenten mit der Zeit und, sofern sie sich in weitere Themenfelder einarbeiten, Kammtalente.

Wie gehen Sie mit den Talenten um, die Sie schon haben?

Da schlummern oft große Potenziale, die darauf warten, von einer inspirierenden Führungskraft gefördert zu werden. Ich schreibe bewusst „oft" und nicht „immer". Wenn Sie feststellen, dass eines Ihrer Teamtalente nicht an der richtigen Stelle ist und Sie gemeinsam bereits alles probiert haben, um die Situation zu verändern, dann ist es für alle Beteiligten besser, konsequent zu sein und eine andere Lösung außerhalb des Teams zu suchen. Viele Mitarbeiter sind, was ihre Leistungsfähigkeit angeht, nicht im optimalen Bereich.

Sie sind mit dem, was sie tun, häufig entweder überfordert oder unterfordert. Beides senkt die Leistungsfähigkeit.
Auch hierbei geht es nicht um die täglichen oder wöchentlichen Belastungs- und Leerlaufzeiten, sondern um die vorherrschende Grundtendenz im Job.
Überforderte Mitarbeiter haben oft einen Tunnelblick und nehmen so Dinge nur noch sehr selektiv wahr. Mitarbeiter können überfordert sein, weil sie für die Aufgabe zu wenig qualifiziert sind oder zu viele Aufgaben haben. Auch die Einarbeitungsphase kann Mitarbeiter zeitweise überfordern, weil sie sich noch auf zu viele Abläufe konzentrieren müssen.
Auch Mitarbeiter mit einem sehr ausgeprägten Growth-Mindset oder einem übersteigerten Leistungswillen, können in die Falle der Überforderung tappen, nämlich wenn sie sich und ihre Fähigkeiten mit den damit verbundenen Grenzen überschätzen. Growth-Mindset ist stark vereinfacht die Einstellung „Alles ist möglich, solange ich nur hart genug arbeite". Ja, mit Arbeit lässt sich sehr viel erreichen, allerdings nur, solange ich nicht fern außerhalb meiner Komfortzone in der Überforderung untergehe.
Unterforderte Mitarbeiter hingegen widmen der Aufgabe zu wenig Aufmerksamkeit. Entweder aus Routine, weil sie denken: „Das habe ich schon tausendmal gemacht", oder sie sind grundsätzlich überqualifiziert und denken: „Das ist lächerlich einfach".

In beiden Fällen entgehen ihnen wichtige Details und die Qualität leidet.

Im optimalen Leistungsbereich hingegen ist der Job eine Herausforderung, die Mitarbeiter sind mit der nötigen Konzentration bei der Sache und haben den Energielevel, der es ihnen erlaubt, genauer auf den Kunden zu achten.

Über- oder Unterforderung zu erkennen, erfordert eine klare Einschätzung der eigenen Fähigkeiten und der damit verbundenen Grenzen sowie die Stärke, dies an geeigneter Stelle zu adressieren. Bei Überforderung schwingt oft ein „nicht gut genug für den Job zu sein" mit und bei Unterforderung ein „Besseres verdient zu haben". Beides ist heikel zu adressieren, wenn der Mitarbeiter nicht darauf vertrauen kann, dass ihm geholfen wird und die beteiligten Parteien an einer Lösungsfindung interessiert sind.

Ihr gemeinsames Ziel ist es, den optimalen Bereich der Leistungsfähigkeit zu finden. Bei Überqualifikation kann ein größerer Aufgabenbereich eine Lösung sein, bei zu viel Routine können neue Handlungsfelder eine willkommene Abwechslung bieten. Bei zu wenig Qualifikation bieten sich Weiterbildungsmaßnahmen, Coachings oder Trainings an, und bei „Neulingen" sollte ohnehin eine gründliche und strukturierte Einarbeitung erfolgen. Um herauszufinden, welche Maßnahmen zielführend sein könnten, müssen Sie Ihre Mitarbeiter aufmerksam beobachten und offen mit ihnen sprechen.

To-do Talente:

Schaffen Sie eine talentfördernde und talentfordernde Teamumgebung, indem Sie:

a. bei Neueinstellungen nur die richtigen Leute ins Team aufnehmen,

b. Talente in ihrem optimalen Leistungsbereich stetig weiterentwickeln,

c. strukturierte, talentorientierte und zielführende Gespräche führen.

GUTES FEEDBACK IST EIN GESCHENK

Gespräche sind das wichtigste Instrument, wenn es um die Führung von Mitarbeitern geht. Wir brauchen den Dialog und den Austausch, um zu erfahren, was gerade los ist, was den anderen bewegt und motiviert. Wir brauchen Fragen, um Antworten zu erhalten, und wir müssen selbstverständlich auch zuhören. Die Techniken, die wir für Kundengespräche brauchen, brauchen wir auch für die Gespräche mit unseren Mitarbeitern. Die angestrebte Grundhaltung aus einer Mischung von Augenhöhe, Empathie und Echtheit gilt hier genauso. Und darüber hinaus brauchen Sie für die Gespräche mit Ihren Mitarbeitern noch etwas mehr. Es erstaunt mich immer wieder, dass sich nur wenige Führungskräfte in Gesprächen intensiv mit ihren Mitarbeitern auseinandersetzen. Viele Führungskräfte haben ein engeres Verhältnis zu ihren Excel-Sheets oder Monitoring-Instrumenten als zu ihren Mitarbeitern. Wenn ein Gespräch stattfindet oder Feedback gegeben wird, dann meist zwecks Maßregelung oder zum jährlichen Feedbackgespräch. Solche Maßnahmen sorgen jedoch sowohl aufseiten der Führungskraft wie des Mitarbeiters für Unbehagen oder haben den Charakter einer Alibiveranstaltung.

Laut Gallup-Studie[12] geben nur knapp vier von zehn Beschäftigten, die Feedback erhalten haben, an, dass das Feedback ihnen helfe, ihre Arbeit besser zu machen. Im Umkehrschluss können also gut sechs Personen wenig bis nichts mit dem anfangen, was sie gehört haben. Das ist kontraproduktiv und Zeitverschwendung. Gespräche dienen dem Austausch. Feedbackgespräche sind eine spezielle Form von Gesprächen und dienen der Rückmeldung. Sie sind eine Art Spiegel und eine Kontrollmöglichkeit. Feedback kann auf der Sachebene oder der Beziehungsebene stattfinden.

Gutes konstruktives Feedback stärkt das gemeinsame Verständnis, baut Vertrauen auf und hilft uns, uns weiterzuentwickeln.

CHECKLISTE FEEDBACK

IST IHR FEEDBACK ERWÜNSCHT?
Statt aufgezwungen oder gar rein Ego-getrieben?

☐ Ja ☐ Nein ☐ Vielleicht

IST IHR FEEDBACK KONKRET?
Im Gegensatz zu schwammig?

☐ Ja ☐ Nein ☐ Vielleicht

IST IHR FEEDBACK KONSTRUKTIV?
Im Gegensatz zu nicht zielführend?

☐ Ja ☐ Nein ☐ Vielleicht

ERFOLGT IHR FEEDBACK ZEITNAH?
Statt irgendwann?

☐ Ja ☐ Nein ☐ Vielleicht

SCHILDERN SIE BEOBACHTUNGEN?
Statt Interpretationen, Annahmen oder gar Befindlichkeiten?

☐ Ja ☐ Nein ☐ Vielleicht

So geht's: Ziel ist, alle Punkte mit „Ja" zu beantworten. Bei „Nein" müssen Sie nachbessern. Bei „Vielleicht" sollten Sie nachbessern. Eine Ausnahme ist die erste Frage. Wenn Ihre Überlegungen ergeben, dass Ihr Feedback nicht erwünscht ist, stellen Sie die Kontrollfrage: Ist es notwendig? Wenn „Ja", dann weiter mit der Checkliste. Wenn „Nein" oder „Vielleicht": Reden ist Silber. Schweigen ist Gold.

Feedbackgespräche als Führungsinstrument haben das Ziel, den Mitarbeiter in seiner Arbeitsleistung zu verbessern und Weiterentwicklungspotenzial aufzudecken.

Überlegen Sie sich den Anlass der Feedbacksituation. Unterscheiden Sie zwischen Mitarbeitergesprächen und anlassbezogenem Feedback. Ein anlassbezogenes Feedback geben Sie dann, wenn Ihnen etwas Rückmeldungswertes aufgefallen ist – positiv wie negativ. Jeder Mitarbeiter braucht die Sicherheit, direkte Rückmeldung zu bekommen, wenn etwas nicht gut läuft und er auf eine andere Art weiterarbeiten soll. Reden Sie miteinander und nicht übereinander. Man kann nur das ändern, was man weiß. Feedback ist in diesem Sinne keine Bewertung, sondern eine Rückmeldung mit Wirkung in der Zukunft. Das heißt auch, dass Sie den Fortschritt würdigen sollten. Und noch wichtiger als Kurskorrekturen sind positive Feedbacks. Jeder Mitarbeiter freut sich über Bestätigung, dass die von ihm geleistete Arbeit erfolgreich ist und in die richtige Richtung geht. Auch das sind rückmeldungswerte Anlässe.

Seien Sie konkret in Ihrer Rückmeldung und gleichzeitig maßvoll. Zu viel Information, egal, wie gut sie gemeint ist, überfordert. Aus dem Coaching hat sich die Regel bewährt, pro Thema maximal drei Punkte anzusprechen. Dabei zählt auch Positives.

Mitarbeitergespräche sollten in einem regelmäßigen Intervall stattfinden. Einmal im Jahr ist zu wenig, jeden Monat ist zu viel. Finden Sie einen für Ihr Team und Sie passenden Turnus, damit Sie in gutem Austausch bleiben und die Mitarbeiter genug Raum haben, um die gesetzten Entwicklungsziele zu erreichen bzw. sich ihnen zu nähern.

Erfahrungsgemäß hat sich ein vierteljährlicher Turnus ganz gut bewährt. So können Sie sowohl kurzfristige Ziele bearbeiten als auch langfristige Ziele verfolgen.

So weit zu den formellen Feedbacksituationen. Selbstverständlich sprechen Sie auch zwischendurch häufig mit Ihren Leuten. Dabei kann der Verlauf zwischen Gespräch und Feedbackgespräch oft fließend sein. Nennen wir diese Situationen Tür-und-Angel-Gespräche.

Feedback zwischen Tür und Angel ist, wenn es konstruktiv ist, mindestens genauso wichtig für die Weiterentwicklung und Zusammenarbeit. Doch achten Sie auch hier auf die Dosis Ihrer Rückmeldung. Niemand will jeden seiner Handgriffe kommentiert wissen. Zudem braucht Neues auch Zeit, bis es verinnerlicht ist.

To-do Feedback:

Schaffen Sie positive und konstruktive Feedbacksituationen, indem Sie:

a. Feedbackgespräche sinnvoll und ressourcenorientiert führen.

b. Gespräche in regelmäßigen Intervallen führen.

c. Feedbacksituationen als zukunftsorientierte Entwicklungsmaßnahmen sehen.

ZIELE, ZIELE, ZIELE

Wir brauchen Ziele. Wir wollen wissen, ob unsere Taten zielführend sind oder nicht.

Nun gibt es gibt viele Arten, Ziele zu finden und Ziele zu vereinbaren. Es gibt SMART-Ziele, AROMA-Ziele, Motto-Ziele, Zielkorridore, quantitative oder qualitative Ziele, kurzfristige, langfristige oder mittelfristige Ziele und Unternehmensziele, Teamziele oder persönliche Ziele. Fachliche Ziele und Soft-Skill-Ziele sind eine weitere Unterscheidungsart. Einige Ziele sind einfach zu messen und zu benennen. Das Ziel „Umsatzplus von zehn Prozent bis zum 31.12. dieses Jahres" zum Beispiel ist ein einfach zu messendes und zu benennendes Ziel. Ist es auch ein attraktives oder erreichbares Ziel? Die Frage ist so pauschal nicht zu beantworten. Wenn Sie in den vergangenen Jahren 15 Prozent Umsatzplus hatten, dann werden Sie bei nur zehn Prozent wahrscheinlich die Hände über dem Kopf zusammenschlagen. Wenn Sie hingegen bisher mit einem jährlichen Umsatzrückgang von fünf Prozent zurechtkommen mussten, dann werden Sie bei einem anvisierten Umsatzplus von zehn Prozent für dieses Jahr auch die Hände über dem Kopf zusammenschlagen. Nur eben aus anderen Gründen. Bei quantitativen Zielen kommt es also auch auf den Kontext und die Ambitionen an.

Bei qualitativen Zielen wird es schwieriger. „Wir wollen kundenorientierter werden" ist eine qualitative Aussage. Wie machen wir ein Ziel daraus? An welchen Parametern messen wir den Fortschritt? Wie wissen wir, ob Handlungen zielführend sind? Wir könnten die Reklamationsquote messen. Wir könnten uns die Bewertungen auf einer Social-Media- oder Feedback-Plattform anschauen. Wir könnten auch einen der netten Automaten im Unternehmensfoyer aufstellen und hoffen, dass unsere Kunden beim Verlassen des Gebäudes auf einen roten, grünen oder weißen Smiley drücken. Doch macht das Sinn? Nicht alles, was gemessen werden kann, ist sinnvoll, und nicht alles, was Sinn macht, kann gemessen werden.

In Zeiten von Big Data erscheint dieser Satz wichtiger denn je. Entscheidend ist jedoch, dass Sie ein gemeinsames Verständnis davon brauchen, wann Sie an qualitative Ziele einen Haken machen können. Und Sie müssen Handlungen definieren, die in die gewünschte Richtung führen.

Der Unterschied zwischen einer Aussage, einem Wunsch und einem Ziel sind die Handlungen dazwischen.

Eine bewährte Methode, um qualitative Ziele zu formulieren, ist die SMART-Formel.

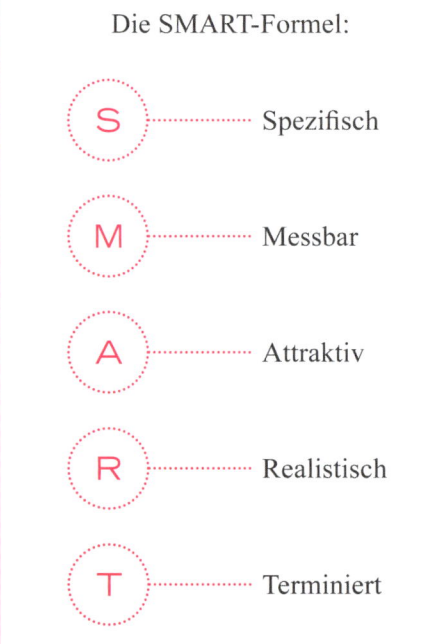

Die SMART-Formel:

- S — Spezifisch
- M — Messbar
- A — Attraktiv
- R — Realistisch
- T — Terminiert

Wenn wir den Wunsch „Wir wollen kundenorientierter werden" als SMART-Ziel formulieren, könnte dies wie folgt lauten:

„Kundenservice ist eine Haltung und keine Abteilung. 95 % der Kundenanliegen bearbeiten wir abschließend innerhalb von 24 Stunden."

AROMA ist ebenfalls ein Akronym und steht für Aussagefähig, Realistisch, Objektiv, Messbar und Annehmbar. Das ist im Wesentlichen ähnlich zu SMART, mit einem kleinen Unterschied: Bei der AROMA-Zielformel spielt zusätzlich das Thema der Annehmbarkeit von Zielen eine Rolle. Wenn ich ein Ziel nicht annehmen oder ich mich nicht damit identifizieren kann, dann werde ich auch nichts zur Zielerreichung beitragen, es sei denn, ich werde dazu gezwungen. Doch dann hätten wir genau solch eine Situation, die wir nicht mehr haben wollen: Dienst nach Vorschrift mit allen unerwünschten Nebenwirkungen und Kontrollmechanismen.

Die klare Erwartungshaltung ist, dass die vereinbarten Ziele erreicht werden und auch erreicht werden können. Manchmal vielleicht etwas später als geplant oder auf einem gänzlich anderen Weg als gedacht, aber schlussendlich geht es immer darum, dass Ziele erreicht werden. Nichts ist demotivierender und zermürbender als ein unerreichbares Ziel.

Die Kunst besteht darin, Ziele so zu wählen bzw. sie so zu gestalten, dass sie für die Mitarbeiter fordernden und fördernden Charakter haben und im optimalen Bereich ihrer Leistungsfähigkeit liegen. Ziele sollen den Mitarbeiter intrinsisch motivieren. Als Führungskraft müssen Sie dabei im Blick behalten, dass jeder auch seine eigenen Ansprüche an seine Leistungsfähigkeit hat. Die einen möchten mit ihren Taten die berühmte Delle ins Universum schlagen, andere möchten einfach ihren Fußabstreifer sauber halten. Und irgendwo zwischen diesen beiden Polen werden sich auch Ihre Mitarbeiter bewegen.

Worauf Sie beim Formulieren der Ziele achten müssen: SMART ist eine Methode zum Formulieren von Zielen. Nicht mehr und nicht weniger.

Wichtiger als ein hundertprozentig sauber formuliertes SMART-Ziel ist, dass Sie und Ihr Mitarbeiter ein klares gemeinsames Verständnis davon haben, was zu tun ist, um das anvisierte Ziel zu erreichen.

ZIELKLARHEIT

Welche Ziele verfolgen Sie und Ihr Mitarbeiter?

....

Um welche Art von Zielen handelt es sich? Must-have-Ziele oder Nice-to-have-Ziele?

....

Wie könnten die Ziele SMART lauten?

S ....

M ....

A ....

R ....

T ....

To-do Ziele

Schaffen Sie eine zielorientierte und leistungsbejahende Teamkultur, indem Sie:

a. Ziele und Fortschritte in regelmäßigen Feedbackgesprächen besprechen.

b. Ziele individuell anpassen und gleichzeitig teamverstärkend auswählen.

c. Ihren Mitarbeitern mit Verständnis, Konsequenz und Ausdauer begegnen.

MENSCHEN TOTAL RATIONAL

Selbst bei größter intrinsischer Motivation, exzellentem Feedback und glasklar formulierten Zielen wird es passieren, dass ein Plan nicht so aufgeht, wie ursprünglich gedacht. Wir alle sind Menschen und wir arbeiten mit Menschen. Mit all ihren Facetten, Stärken, Höhen und Tiefen. Wenn wir eine Aufgabe bekommen, heißt das nicht, dass wir diese immer in der gleichen Qualität erledigen können, werden oder gar wollen. Maschinen oder Roboter tun das. Wir Menschen sind da anspruchsvoller. Ihre Aufgabe als Führungskraft ist es, Verständnis für Menschlichkeit zu zeigen und gleichzeitig mit Konsequenz und Ausdauer die Weiterentwicklung und das Erreichen der Ziele mit konzentrierter Energie voranzutreiben.

Echte Weiterentwicklung findet immer außerhalb der Komfortzone statt.

Unsere Komfortzone ist der gemütliche Bereich der Routine. Routinen sind prinzipiell hilfreich, weil wir durch die gesammelte Erfahrung Komplexität verringern und dadurch Energie sparen. Unser Gehirn liebt es, Energie zu sparen. Wenn wir unserem Gehirn die Wahl lassen zwischen Energie sparen oder Energie investieren, wird es sich immer für den Sparmodus entscheiden. Den Sonntagnachmittag auf dem Sofa verbringen oder zehn Kilometer joggen? Das Sofa ist sooo gemütlich und draußen zieht gerade eine Regenwolke am Himmel auf ...

Am Montagmorgen gleich potenzielle Neukunden anrufen oder erst mal Mails checken? Natürlich erst mal Mails checken, denn montagmorgens erreicht man sowieso niemanden, weil alle erst mal ihre Mails checken.

Sorgen Sie dafür, dass Ihr Gehirn an den richtigen Stellen Energie spart, damit Sie genug Energie haben, um neue Routinen zu entwickeln. Wenn Sie am Sonntagnachmittag joggen gehen, einfach weil es Sonntagnachmittag ist, dann kommt Ihr Gehirn gar nicht in Versuchung, nach anderen Optionen zu suchen oder nach dem Sofa zu schielen. Es arbeitet sozusagen im Autopilot-Modus.

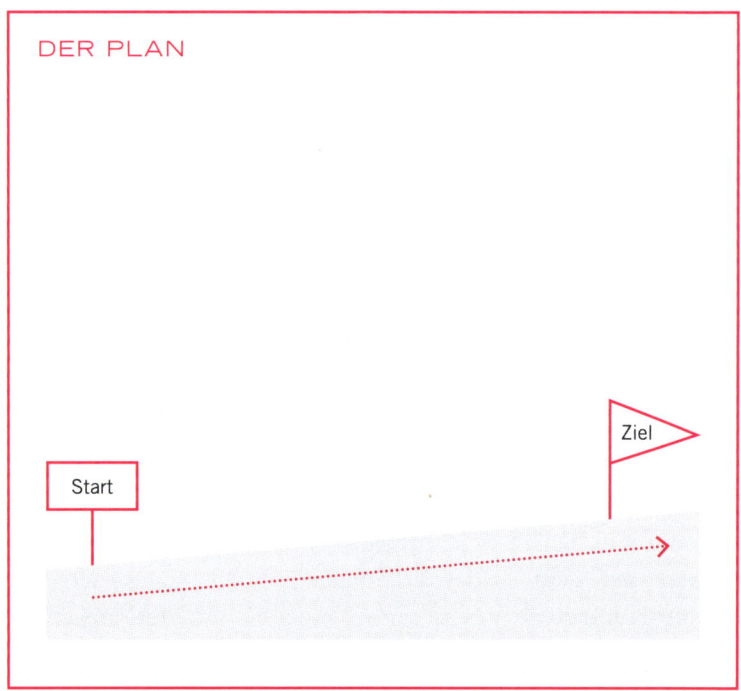
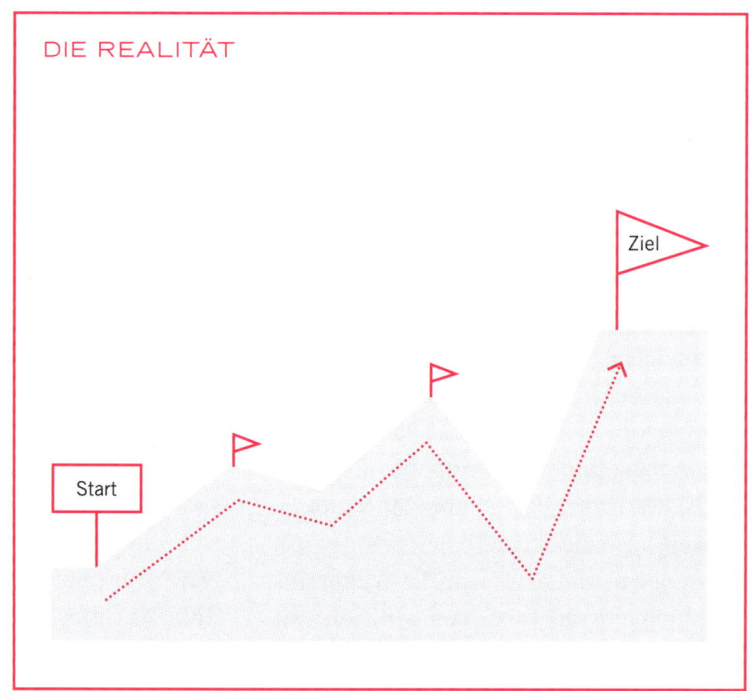

Anders formuliert: Sie haben damit eine positive Routine entwickelt. Wenn Sie montagmorgens grundsätzlich zuerst potenzielle Neukunden anrufen, weil Ihnen diese Aufgabe wichtig ist und es Ihnen Spaß macht, neue Kunden für Ihr Unternehmen zu begeistern, dann überlegt Ihr Gehirn gar nicht erst, ob es zuerst Mails bearbeiten soll. Es reagiert routiniert und ist darüber hinaus von Dopamin und Endorphin beflügelt.

Schaffen Sie also zielfördernde Routinen bei sich und helfen Sie Ihren Mitarbeitern dabei.

Wenn Sie Ihre Komfortzone jeden Tag um einen Zentimeter erweitern, haben Sie – bildlich gesprochen – in einem Jahr bei ca. 250 Arbeitstagen Ihren Radius um 2,5 Meter vergrößert, im zweiten Jahr sind Sie dann bei 5 Metern und im dritten bei 7,5 Metern. Wenn Sie jeden Arbeitstag nur 15 Minuten an Ihrer beruflichen Expertise arbeiten, dann haben Sie in einem Jahr über 60 Stunden in Ihre Kompetenz investiert, was fast acht vollen Arbeitstagen entspricht. Und das ohne großen Extraaufwand, aber mit einem klaren Ziel. Das ist ein reflektiertes Growth-Mindset, mit dem Sie über die Zeit erstaunliche Fortschritte erzielen können. Sie erreichen mit kontinuierlichen Minischritten mehr als mit einmaligen Hauruck-Aktionen.

Wir neigen dazu, zu überschätzen, was wir an einem Tag oder in einer Woche schaffen können. Gleichzeitig unterschätzen wir, was wir in zwei bis drei Jahren schaffen können, wenn wir dranbleiben.

Neue Routinen brauchen Beharrlichkeit und Zeit. Wie wichtig das ist, wird deutlich, wenn wir uns erstens vorstellen, wie viele Stufen von Sagen bis dauerhaft Machen zu erklimmen sind und zweitens, welche einzelnen Phasen der Veränderung es zu durchlaufen gilt.

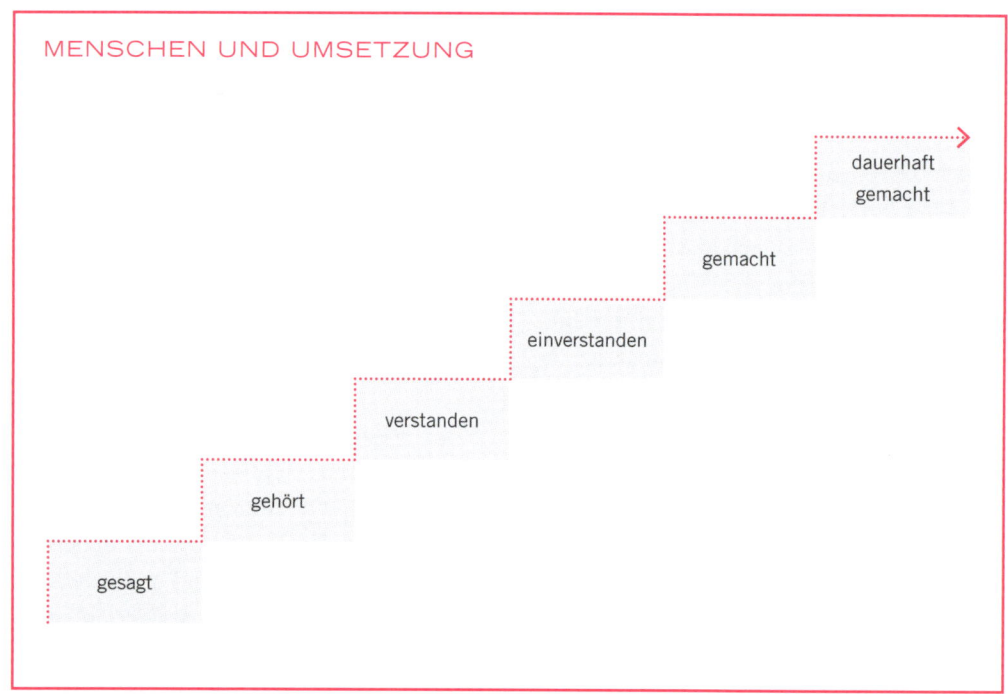

Bis wir etwas umsetzen, sind einige Stufen zu erklimmen. Wir glauben gerne, wenn wir einmal etwas gesagt haben, dann ist für alle Beteiligten alles klar und ab sofort wird immer danach gehandelt. Schön wär's. Die Realität sieht anders aus. Vom Sagen zum dauerhaften Tun sind es nämlich sechs Stufen. Völlig unabhängig von der Komplexität der Aufgabe! Wenn etwas gesagt wurde, heißt es noch nicht, dass es gehört wurde. Wenn es gehört wurde, heißt es noch nicht, dass es verstanden wurde. Wenn es verstanden wurde, heißt es noch nicht, dass man damit einverstanden ist. Wenn Einverständnis herrscht, heißt es noch nicht, dass es gemacht wurde. Wenn es einmal gemacht wurde, heißt es noch nicht, dass es dauerhaft gemacht wird.

Die Stufen des Verständnisses sind das eine, das andere ist die Veränderung an sich. Dafür ist das Haus der Veränderung aus dem Change Management ein griffiges Modell, das die einzelnen Phasen der Veränderung und deren Gefühlszustände zeigt. Wir durchlaufen bei jeder Veränderung die Phasen Zufriedenheit, Leugnung, Konfusion und Erneuerung.

Manchmal geht es ganz schnell, innerhalb von Minuten, Stunden oder Tagen, manchmal dauert es mehrere Jahre. Haben Sie Verständnis für die Situation und führen Sie gleichzeitig in die nächste Phase. Mit aktiven zukunftsorientierten Fragen gelingt das meist gut. Zum Beispiel: „Was brauchst du, damit ...?" „Was kannst du tun, damit ...?"

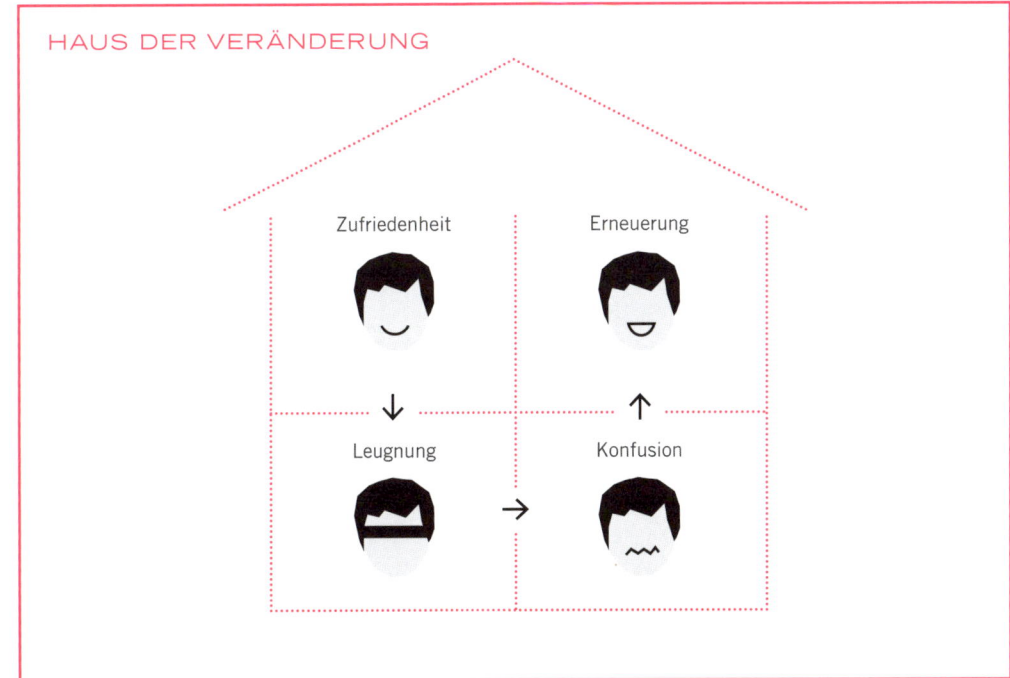

DAS TEAM: REGELN UND RITUALE

*Jedes Spiel hat Regeln.
Jedes Team braucht Regeln,
damit es funktioniert.*

Die Kunst besteht darin, die Menge der Regeln auszubalancieren. Keine Regeln zu haben funktioniert nicht und lähmt die meisten Menschen. Zu viele Regeln funktionieren ebenfalls nicht und lähmen mindestens genauso.
Sie wollen in Ihrem Team eine Kultur des Vertrauens und der Weiterentwicklung, also einer positiven Fehlerkultur etablieren. Das ganze Team soll wissen und erleben, dass man sich aufeinander verlassen kann und miteinander an einem Ziel arbeitet. Diese Regeln helfen dabei:

> No Gossip.
> Wir reden miteinander.
> Nicht übereinander.
>
> One Team – one Goal!
> Einer für alle, alle für einen.
> Zusammen zum Ziel.
>
> Play to Lift.
> Stärke mit deinen Fähigkeiten und Ressourcen die anderen.

Neben den Regeln schaffen Teamrituale Verlässlichkeit, geben Struktur und stärken das Zusammengehörigkeitsgefühl. Gute Rituale machen Spaß.

Jeder ist gerne dabei. Negative Rituale langweilen und werden zu einer lästigen Pflichtveranstaltung. Ein Ritual ist dann gut, wenn es zu Ihrem Team passt und sinnvoll ist. Mit clever gewählten Ritualen lenken Sie Ihre Teamkultur in die gewünschte Richtung.
Eine Möglichkeit sind tägliche oder wöchentliche Mini-Meetings im Stehen, sogenannte Daily oder Weekly Stand-ups. Sie sind ein Element der agilen Methodik und dienen der Information im Team. Jeder Teilnehmer hat einen kurzen Redeslot. Regeln dazu sind: Jeder spricht und es spricht immer nur einer, alle anderen hören zu. Es geht reihum. Niemand darf sich enthalten oder dem Vorredner anschließen. Es werden weder Fragen

gestellt, noch wird etwas bearbeitet. Es geht um den Überblick, darum, Chancen zu finden, sich gegenseitig zu unterstützen und sich als Team weiterzuentwickeln. Sollte sich aus den Redebeiträgen etwas zu Bearbeitendes ergeben, tun Sie das im Anschluss. Hier zwei Beispiele:

Sharing is caring

Das habe ich diese Woche gelernt ...
Darauf bin ich diese Woche besonders stolz ...
Das nehme ich mir für nächste Woche vor ...

UNSERE REGELN UND RITUALE

Welche Regeln gelten aktuell in unserem Team?

Welche Regeln und Rituale wollen wir neu etablieren?

> **Catch of the week**
>
> Mein Highlight der Kundenbegeisterung diese Woche ...
>
> Mein Kunden-Lowlight diese Woche ...
>
> Das habe ich daraus gelernt ...

Tipp aus der Praxis: Bei 60 Sekunden Redezeit ist die Vorbereitungszeit im Team ebenfalls 60 Sekunden. Und natürlich brauchen Sie einen Timer mit einem prägnanten Signalton, um die Runden zu steuern. Überlegen Sie sich Ihre eigenen Fragen passend zu Ihren Zielen und Ihrem Team und probieren Sie es einfach aus. Bevor Sie mit den Redeslots starten, braucht jeder kurz Zeit, seine Antworten zu überlegen, damit er während der Redebeiträge tatsächlich zuhören kann.

Haben Sie nun das Gefühl, dass sich im Unternehmen noch viel tun muss, um die Aufgabe der Kundenzentrierung stemmen zu können? Und das nicht nur in Ihrem Team? Dann sollten Sie derjenige sein, der den ersten Schritt macht. Schaffen Sie in Ihrem Einflussbereich eine Atmosphäre leidenschaftlicher Kundenzentrierung. Gehen Sie mit leuchtendem Beispiel voran. Kümmern Sie sich um Ihr Team. Denken Sie bei allem, was Sie tun, zuerst aus der Kundenperspektive und optimieren Sie Ihre Prozesse. Und dann schauen Sie mal, was passiert. Und wenn der Rest des Unternehmens sich nur heimlich denkt, die haben dort so ein tolles Teamklima, da wäre ich auch gerne dabei, dann geht der Punkt schon an Sie! Begeisterung steckt an.

Sie können sich außerdem Unterstützung von außen holen. Es gibt Berater, Trainer, Coaches, Moderatoren oder Facilitatoren mit entsprechender Expertise.

🔗 Eine Übersicht über Aufgaben und Qualifikationen der einzelnen Tätigkeitsfelder finden Sie auf meinem Blog unter: www.dana-arzani.de/berater-trainer-coach-speaker-wer-macht-was

DER VORSTAND UND DER EINKÄUFER

Der Vorstand eines weltweit tätigen Industrieunternehmens lernte auf einer Veranstaltung einen Unternehmer kennen, der sich auf Einkaufsoptimierung spezialisiert hatte. Beide witterten eine gewinnbringende Zusammenarbeit. Also wurde alles in die Wege geleitet, um einen offiziellen Besuchstermin mit den zuständigen Mitarbeitern zu vereinbaren. Der Vorstand ging zu seinem Einkaufsleiter, schließlich betraf die Angelegenheit seinen Aufgabenbereich, in den er nicht über dessen Kopf hinweg eingreifen wollte. Er schilderte ihm, was der Einkaufsoptimierer für sie tun könnte, und legte ihm einen gemeinsamen Termin nahe. „Überlegen Sie, was das für unser Geschäft und unsere Kunden bedeuten könnte, wenn wir tatsächlich zehn Prozent im Einkauf einsparen könnten."

Der Termin mit den zuständigen Mitarbeitern fand statt, Vorstand und Unternehmer waren auch dabei. Allerdings war der Einkaufsleiter währenddessen die ganze Zeit auf Abwehr eingestellt. Der Vorstand dachte, er sei im falschen Film.

Was war passiert? Der Einkaufsleiter empfand den Termin nicht als Unterstützung, um seine Arbeit noch besser zu machen und ein besseres Ergebnis für sich und die Firma einzufahren. Er empfand den Termin als Anzweiflung seiner Kompetenz und seiner Fähigkeiten als Einkäufer. Darüber hinaus hatte er das Gefühl, sein Team verteidigen zu müssen. Aus dieser Haltung heraus konnte er die Chancen, die in einer Zusammenarbeit mit dem Einkaufsoptimierer lagen, nicht erkennen. Also reagierte er mit Abwehr.

Für Sie als Führungskraft lautet der Tipp in einer Situation, wo Sie die Haltung eines Mitarbeiters nicht verstehen: Holen Sie sich zwei Tassen Kaffee. Setzen Sie sich gemeinsam in Ruhe hin und fragen Sie ihn mit echtem Interesse: „Sag mal, neulich bei dem Termin mit dem Einkaufsoptimierer, da dachte ich, du würdest dich freuen und fändest das gut. Auf mich wirkte dein Verhalten ablehnend. Das habe ich nicht verstanden. Was war eigentlich los?" Wenn Sie miteinander ein gutes, vertrauensvolles Verhältnis haben, werden Sie früher oder später den wahren Grund erfahren. Wenn nicht, nehmen Sie es als Zeichen, dass hier Entwicklungspotenzial liegt.

Es liegt in Ihrer Verantwortung, sich zusammen mit Ihrem Team immer weiterzuentwickeln und eine positive Veränderungskultur der Kundenzentrierung zu schaffen.

Kundenzentrierung ist Führungsaufgabe!

Schaffen Sie innerhalb Ihres Teams und außerhalb Ihres Teams ein Klima der Synergien statt der Konkurrenz. Echte Kundenzentrierung braucht Vernetzung.

3.4
SO SPRECHEN IHRE PRODUKTE UND PROZESSE KUNDEN WIRKLICH AN

ERST DIE PFLICHT, DANN DIE KÜR

Damit Sie als Unternehmen Ihre Kunden wirklich ansprechen, brauchen Sie Produkte und Prozesse, die für Ihre Kunden und für Sie einen Mehrwert schaffen.

„Ihr müsst das Produkt völlig neu denken! Nicht das machen, was alle anderen auch schon machen. Wenn ihr das noch nicht verstanden habt, dann weiß ich nicht, warum ihr überhaupt hier seid. Dann seid ihr alle fehl am Platz!", tobte ein Unternehmer beim Produktworkshop. Ganz abgesehen davon, dass das Verhalten dieser Führungskraft alles mit Füßen tritt, was wir bereits besprochen haben, erwartet der Unternehmer offenbar eine disruptive Produktentwicklung. Seine Mitarbeiter hingegen hatten eher eine schrittweise Verbesserung des Produktes im Sinn. Aufhänger für den Produktworkshop war, dass man festgestellt hatte, dass die bisherigen Produktleistungen nicht der Erwartung des Kunden entsprachen. Die Probleme, die man mit dem Produkt hatte, zeigten sich in der ganzen Prozesskette – vom Marketing über den Vertrieb bis hin zur Leistungserbringung beim Kunden. Das Marketing war der Meinung, ihre Broschüren seien gut, das Produkt müsse eben besser verkauft werden. Die Verkäufer sagten, der Preis sei zu hoch, die anderen Mitbewerber böten einfach mehr Leistung für weniger Geld. Die Leute im direkten Kundenkontakt klagten über den ständigen Ärger mit den Kunden, weil die Verkäufer das Blaue vom Himmel versprechen würden. Die Stimmung im Workshop war im wahrsten Sinne des Wortes bombastisch.

Jeder der Beteiligten hatte seine eigene Perspektive. Der Unternehmer wollte eine disruptive Veränderung, die Mitarbeiter wollten genau dies nicht, weil es ihre Arbeit komplizierter machen würde. Beide Standpunkte sind verständlich und gleichermaßen wichtig. Auch der Faktor Kunde war bei beiden Sichtweisen gedanklich vorhanden, allerdings mit völlig unterschiedlichen Hintergedanken. Für den Unternehmer bedeutete der Kunde eine lukrative Cashcow, für die Mitarbeiter bedeutete er – je nach Funktion – so etwas wie Marktteilnehmer, Preisdrücker, anspruchsvoller Nörgler ...

Die wirklichen Bedürfnisse der Kunden, das Kundenherz, das es zu erobern gilt, hatte jedoch keiner im Blick. Dafür waren alle viel zu sehr mit sich selbst beschäftigt. Kundenzentrierung? Nicht vorhanden. Bisher ging es immer um Menschen. Menschen als Kunden. Menschen als Mitarbeiter, Unternehmer oder Führungskräfte und unsere entsprechenden Interaktionen. Direkt, indirekt, persönlich und als Organisation. Im Folgenden schauen wir uns die Produkte und die Prozesse an, die dahinter liegen und die für unsere Leistungserbringung zentral sind.

Die Aufgabe ist, Produkte mit Mehrwert und dazu Prozesse zu gestalten, damit Abläufe funktionieren. Idealerweise gestalten Sie die Prozesse nicht nur supereinfach, sondern auch unsichtbar. Prozesse darf ein Kunde nicht spüren und ein Mitarbeiter will sie nicht spüren.

Wie oft mussten Sie sich als Kunde schon um ein Produkt kümmern, weil es Macken hatte, unzuverlässig gearbeitet oder nicht gehalten hat, was versprochen wurde. Solche Mängel gilt es systematisch auszumerzen. Und zwar nicht nur aus rein fachlicher Sicht, sondern konsequent aus Sicht Ihrer Kunden heraus.

Gleiches gilt für die Prozesse. Denken Sie an Momente, in denen Sie sich als Kunde gewissen Unternehmensprozessen beugen mussten, weil diese so starr waren, dass jede Behörde dagegen als flexibles Start-up erscheint. Wir alle haben solche Situationen schon leidvoll erlebt. „Das geht nicht, weil ...", „Da muss ich erst den Chef fragen", „Das haben wir noch nie so gemacht" ... Und wir als Kunde bleiben kopfschüttelnd, ungläubig, verzweifelt und manchmal sogar wütend auf der Strecke.

Die Aufgabe ist es, solche Prozessfallen in Ihrem Unternehmen zu erkennen und durch schlanke, zielführende und flexible Prozesse zu ersetzen. Selbstredend gilt auch hier wieder die Kundenperspektive als das Maß der Dinge. Mit welcher Abteilung und wie der Kunde mit Ihrem Unternehmen in Kontakt kommt, ist für ihn nicht entscheidend. Er will die Leistung erbracht wissen und sein Anliegen gelöst haben. Schnellstmöglich. Kunden haben kein Verständnis für unternehmensinterne Prozesse. Das ist nicht ihre Baustelle. Sie möchten, dass Unternehmen ihre Hausaufgaben machen. Und damit sind wir noch nicht bei der Kür, sondern bei den Basispflichten kundenzentrierter Unternehmen.

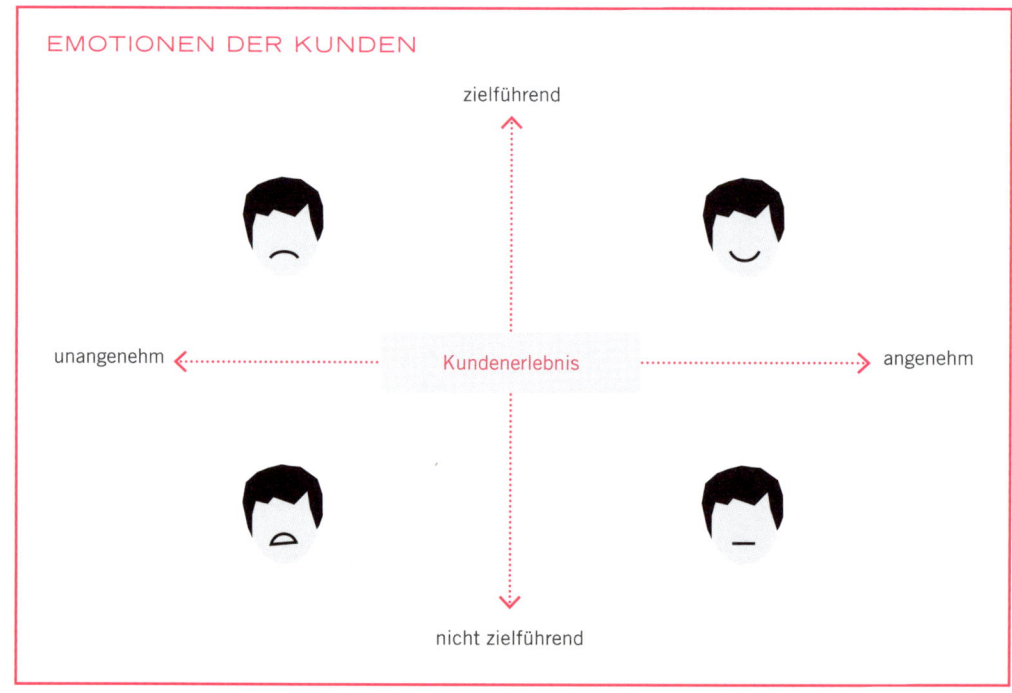

BESSERE PRODUKTE FÜR IHRE KUNDEN

Vermeiden Sie Silodenken: Der Kunde oder die Kundengruppe gilt für das ganze Unternehmen als das Maß der Dinge.

Aus dieser Personenperspektive heraus entwickeln Sie die Empathy Map (siehe Kapitel 1). Diese ist nicht nur für Designer oder Marketingleute gedacht, auch wenn der Verkauf häufig meint, ohnehin zu wissen, was der Kunde will. Nein. Sie entwickeln die Empathy Map gemeinsam und abteilungsübergreifend. Und anschließend handeln alle gemeinsam danach. Nur weil alle Beteiligten wissen, dass Ihr Kunde Felix heißt, bedeutet dies nicht, dass alle denselben Felix und dieselben Bedürfnisse, Wünsche und Beweggründe meinen. Ihr Felix ist ab jetzt die Instanz und der Blickwinkel für alles, was Sie tun.

Beim Thema Produkt dreht sich alles um die Frage: Wie können wir für „unseren Felix" mehr Wert schaffen? Diese Frage können Sie in Richtung Produktverbesserung oder neue Produktentwicklung denken.

Produkt dient hier als Containerbegriff für jede Art von bezahlter Leistung. Also auch jede Art von Service, Dienstleistung oder Erlebnis zum Preis X.

Eine effektive Möglichkeit, um Produkte und Leistungen konsequent aus Kundensicht zu entwickeln, ist die Service-Design-Methodik, auch Design Thinking genannt. Einige Bestandteile daraus finden Sie bereits in diesem Buch. Die komplette Methodik sprengt jedoch den Rahmen und braucht darüber hinaus für die Umsetzung professionelle Begleitung. Dabei helfen Ihnen Service-Designer oder Design Thinker. Für dieses Workbook habe ich eine Lösung für Sie gewählt, mit der Sie mit den im Team vorhandenen Ressourcen an den Start gehen können.

Bevor Sie damit starten, möchte ich Ihnen, sozusagen zum Aufwärmen, zwei Dinge mit auf den Weg geben.
Was liefern Sie Ihren Kunden bisher? Ein Produkt, eine Lösung, ein Erlebnis, ein Gefühl oder Inspiration? Je weiter Sie in der Bedürfnistreppe vorankommen und je emotionaler aufgeladen Ihre Leistung ist, desto höher die Wertschöpfung für Ihren Kunden und damit auch für Sie. „Emotional aufgeladen" heißt natürlich „positiv emotional".

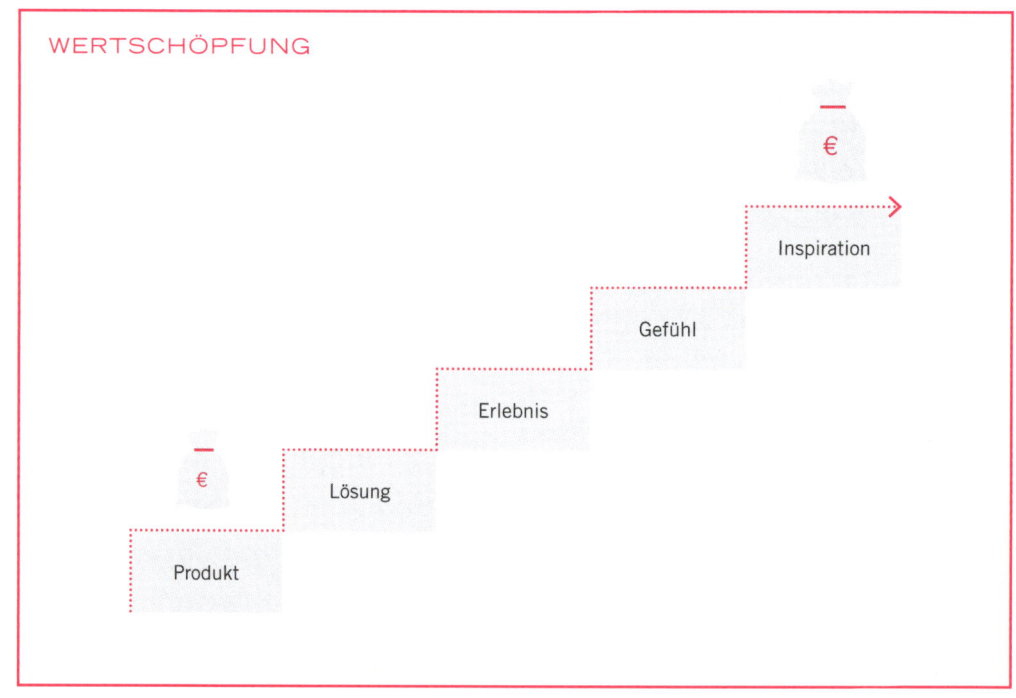

Welche Art von Problem löst Ihr Produkt bisher: ein einfaches Problem, das eine einfache Lösungsanforderung hat, ein kompliziertes Problem, dessen Lösungsanforderung höher ist, ein komplexes Problem mit hoher Lösungsanforderung oder ein chaotisches Problem mit sehr hoher Lösungsanforderung?

Die Grafik in Anlehnung an die Stacey-Matrix gibt Ihnen Orientierung. Je höher die Lösungsanforderung, desto höher der Wert Ihrer Problemlösung für den jeweiligen Kunden.

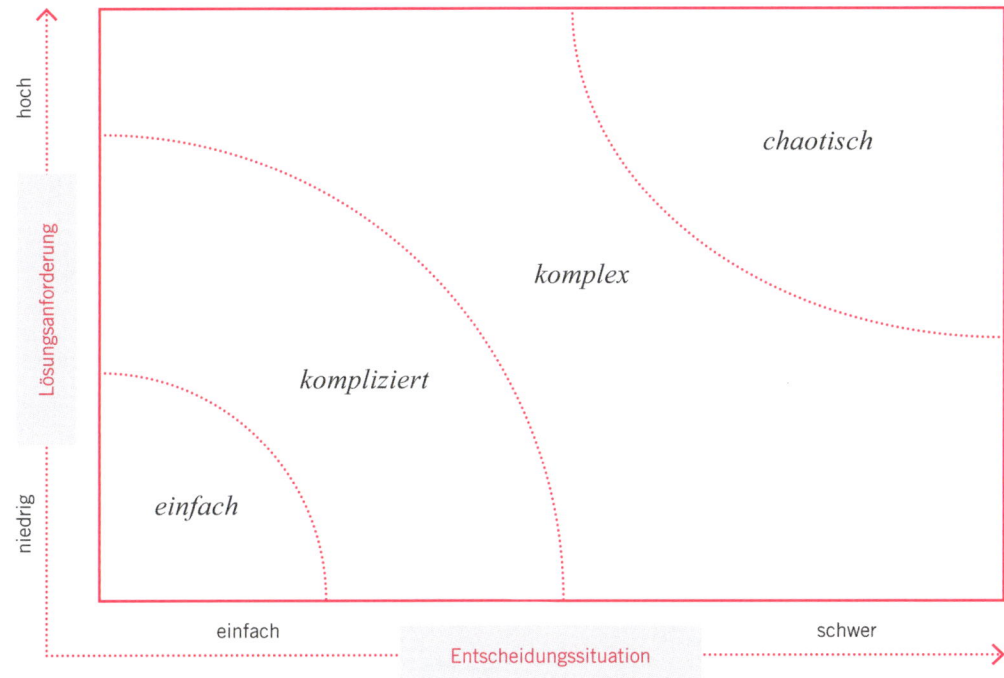

PRODUKTWORKSHOP
MEHR WERT FÜR IHRE KUNDEN!

So geht's:
Wie schaffen Sie für „Felix" mehr Wert? Holen Sie sich ein paar Kollegen, jede Menge Post-its und Marker, und nehmen Sie sich etwas Zeit.

Ideen sammeln.
Entwickeln Sie im ersten Schritt so viele Ideen wie möglich. Jeder für sich. Je vielfältiger, desto besser. Quantität ist gefragt. Qualität und Machbarkeit kommen später. Benchmark, um Ihren Ehrgeiz anzufeuern: Zehn Ideen sind keine Ideen, 20 Ideen sind ein paar Ideen und 30 Ideen sind ein Anfang.

Ideen präsentieren und sammeln.
Sortieren Sie Dopplungen aus. Am Ende ist jede geäußerte Idee einmal vertreten. Achten Sie besonders darauf, ob die vermeintliche Dopplung wirklich eine Dopplung ist. Bei genauerem Hinsehen entdeckt man doch Unterschiede. Dann ist es eine weitere Idee und keine Dopplung.

Ideen sortieren und gewichten.
Diskutieren und sortieren Sie nun die Ideen anhand folgender Leitfragen:
Wie erwünscht ist die Idee?
Wir realisierbar ist die Idee?
Wie rentabel ist die Idee?

Ideen verfolgen und umsetzen.
Überlegen Sie, was Sie weiterverfolgen möchten und wie der nächste Schritt in Richtung Umsetzung aussehen würde.
Leiten Sie To-dos ab und fangen Sie an.

Profitipp:
Wenn Sie beim Ideensammeln noch mehr Inspiration brauchen, stellen Sie sich diese Fragen: Wie werden wir für „Felix" noch wichtiger? Wie können wir sein Leben einfacher gestalten? Welche Barrieren können wir aus dem Weg räumen? Wie sieht eine wertvollere Problemlösung für Felix aus?

Unter www.dana-arzani.de/jeder-kunde-zaehlt finden Sie die Produktworkshop-Vorlage zum Ausdrucken im DIN-Format.

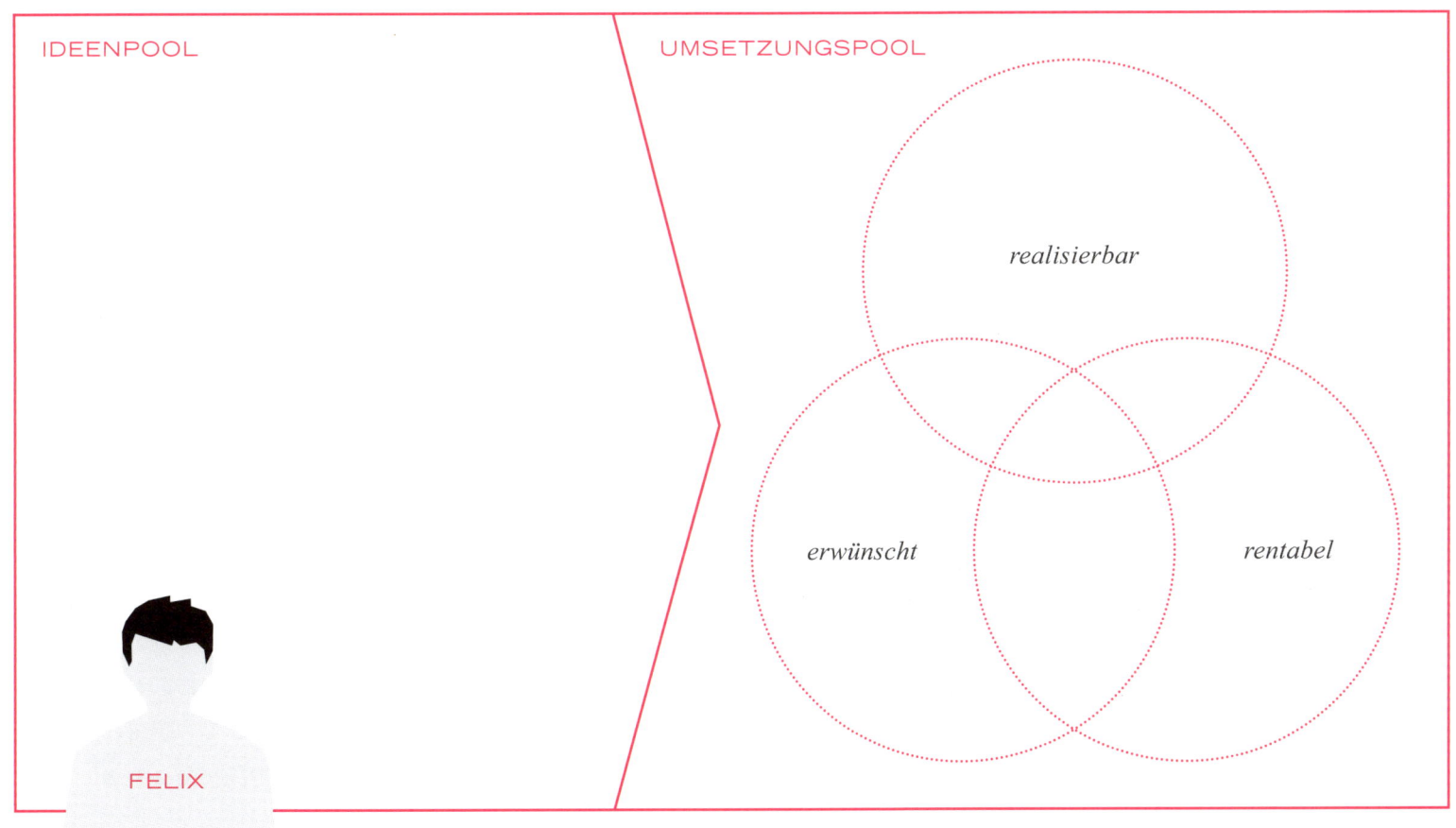

BESSERE PROZESSE FÜR IHRE KUNDEN

Das schönste Produkt hinterlässt einen faden Beigeschmack, wenn der Kunde vor, während oder nach der Nutzung Mühe damit hat und sein Kauf- oder Nutzungserlebnis darunter leidet.

Im Fachjargon heißt das: Der Kunde hat eine schlechte Customer Experience. Deswegen gilt: Wer A sagt, muss auch B sagen. Wer die Produktfrage stellt, muss auch die Prozessfrage stellen.
Prozesse bezeichnen in diesem Zusammenhang alle Arten, wie das Produkt zum Kunden gelangt und wie der Kunde mit unserem Unternehmen in Berührung kommt. Direkt oder indirekt.
Um Ordnung in diese Vielzahl an Interaktionsschnittstellen, den sogenannten Kundenkontaktpunkten, auf Englisch Touchpoints genannt, zu bringen, bewähren sich je nach Fragestellung unterschiedliche Sortiermöglichkeiten.
Ein paar Varianten dafür sehen Sie auf der rechten Seite. Ob Sie dabei die Vermittlungsphase der Kaufphase oder der Phase danach zuordnen, ist Definitionssache. Es empfiehlt sich ohnehin, die Kauf- und Vermittlungsphase zur Bearbeitung getrennt zu halten. Denn Sie können jede Phase weiter unterteilen und dadurch detaillierter betrachten. Die leitende Perspektive ist immer: Was führt Felix gerade zu uns? Oder führt es Felix überhaupt in dieser Phase zu uns?
Was braucht er in diesem Moment? Denken Sie sich in die Situation „Ihres Felix"' zu dem gewählten Zeitpunkt hinein und überlegen Sie, was er wissen, denken, fühlen und tun will. Über welche Kanäle macht er das? Wie sieht sein Kundenerlebnis mit Ihnen währenddessen aus?

Ihre Aufgabe ist es, so viele Störfaktoren wie möglich aus dem Weg zu räumen und das Kundenerlebnis so angenehm wie möglich zu gestalten.

WORKBOOK / JEDER KUNDE ZÄHLT!

PROZESSWORKSHOP
MISSION WITHOUT FRICTION

So geht's:

Wie können Sie Felix aus prozesstechnischer Sicht das Erlebnis liefern, das er erwartet?

Touchpoint-Probleme identifizieren.
Welchen Touchpoint wählt er zu welchem Zeitpunkt innerhalb der Phase seiner Kundenreise? Kann er den Touchpoint überhaupt wählen oder muss er ihn wählen? Wenn er ihn wählen muss, was würde er lieber tun? Wie ist der dazugehörige Prozess? Zum Beispiel: Ihr Bestellprozess ist kompliziert. Wie können Sie ihn einfacher gestalten? Der Bereitstellungsprozess ist langwierig und intransparent. Wie können Sie ihn beschleunigen und transparenter gestalten? Sie haben einen umständlichen Reklamationsprozess? Wie können Sie ihn leichter gestalten?

Störfaktoren beseitigen.
Entfernen Sie so viele Reibungspunkte und Störfaktoren an den einzelnen Touchpoints wie möglich. Was müssen Sie dafür tun? Sammeln Sie Ideen zur Verbesserung und leiten Sie daraus To-dos ab.

Profitipp:

Konzentrieren Sie sich zu Beginn auf einen Touchpoint oder einen Ausschnitt einer Customer Journey. Das ist einfacher, als gleich die komplette Prozesskette zu bearbeiten. Denken Sie dabei jedoch daran, auch die Übergänge zu gestalten. Felix will ein einheitliches Erlebnis mit Ihnen haben.

Noch ein Profitipp:

Wenn Sie sich fragen, wo Sie anfangen sollen, dann empfehle ich Ihnen, sich die Beschwerden und Reklamationen Ihrer Kunden vorzunehmen und sich von dieser Ausgangsbasis voranzuarbeiten. Denn ausgehend von den geäußerten Beschwerden Ihrer Kunden, gelangen Sie sehr schnell zu allen relevanten Unternehmensprozessen inklusive Verbesserungspotenzialen am Produkt.

Die Touchpoint-Map gibt es für Sie zum Download unter
www.dana-arzani.de/jeder-kunde-zaehlt

03/ RAN AN DIE ARBEIT: PERSPEKTIVE WECHSELN!

Phase der Kundenreise					
Touchpoints					

Was will der Kunde hier …

… wissen?					
… denken?					
… fühlen?					
… tun?					

Was heißt das für uns?

Ideen zur Verbesserung					
To-dos					

ACHTUNG, DENKFALLEN!

Achten Sie bei der Produkt- und bei der Prozessoptimierung jeweils auf folgende Denkfallen:

Denkfalle: Produktverliebtheit

Nur weil etwas technisch möglich oder gar ein Highlight ist und Ihr Produkt sich damit vom Markt differenziert, heißt das nicht, dass auch der Kunde diese Produktmerkmale honoriert. Die entscheidende Frage ist: Lösen Sie mit der Neuerung tatsächlich ein Problem? Und gibt es genug Kunden, die das Problem gelöst haben wollen? Das finden Sie heraus, indem Sie zum Beispiel so früh wie möglich ein paar potenzielle Kunden dazu befragen.

Denkfalle: Problemtrance

Es geht um Lösungsfindung, nicht darum, Probleme zu wälzen. Wenn Sie das Problem erfasst haben, lenken Sie Ihren Blick in Richtung Lösung. Es gilt: so viel Problemerfassung wie nötig und so wenig wie möglich.

Denkfalle: Tunnelblick

Ein gutes Team bedeutet Vielfalt. Es braucht also die fachlich relevante Perspektive, persönliche Ansichten und Erfahrungen und idealerweise auch ein ausgewogenes Verhältnis von systematischen, gut strukturierten Persönlichkeiten und experimentierfreudigen, intuitiven Persönlichkeiten. Je mehr relevante Perspektiven, desto höher die Ergebnisqualität.

Denkfalle: Lösungsidealismus

Es ist gut genug, wenn die Lösung für die meisten richtig gut passt. Die Lösung für alle und alles gibt es nicht.
Frei nach dem Grundsatz: für die Mitte entwickeln und in den Extremen testen. Mit dem Ziel, die Grenzen kennenzulernen, nicht um es der letzten Ausnahme recht zu machen.

Denkfalle: Disruption

Braucht es wirklich disruptive Produktentwicklungen, um der Gefahr zu entgehen, dass schnelle und leichtfüßige Startups sozusagen über Nacht die Führung übernehmen?
In der Regel werden bahnbrechende Produktveränderungen oder Marktzugänge

nicht über Nacht realisiert. Sie bahnen sich langsam an, zunächst in Insiderkreisen, und werden dann, im Erfolgsfall, auch vom Mainstream übernommen. Das Problem ist nicht die Geschwindigkeit von solchen Veränderungen, sondern es besteht darin, dass sie von vermeintlich etablierten Unternehmen nicht gesehen oder bagatellisiert werden.

Außerdem befriedigen disruptive Produktentwicklungen ein Bedürfnis immer einfacher, schneller oder günstiger, und dies auf eine vorher nicht denkbare oder technologisch mögliche Art und Weise. Die wirklich großen Disruptions verändern uns als Gesellschaft. Implementieren Sie Kundenzentrierung in Ihrer Unternehmens-DNA und bleiben Sie am Puls der Zeit, statt gedanklich im Museum zu verstauben. So werden Sie relevante Veränderungen mitbekommen und eventuell sogar das Potenzial entwickeln, selbst ein disruptives Produkt auf den Markt zu bringen.

Denkfalle: Denken und tun

Egal, was Sie denken, wie gut Sie denken oder wie schnell Sie denken. Denken ist nicht tun. Sie können sich so viele disruptive Modelle erdenken, wie Sie wollen, und dazu noch ein paar Hundert Prozessoptimierungen. Daraus wird nur etwas, wenn Sie etwas daraus machen. Wenn Sie schwach in der Umsetzung sind, bleiben Sie schwach in der Umsetzung. Deswegen: Denken und tun!

Trotz aller Denkfallen:

Jeder gut umgesetzte Gedanke ist wertvoller als hundert Ideen in der Schublade.

Also, DOn't quIT!

WHERE IS THE MONKEY?

Wenn Sie die Prozesse in Ihrem Unternehmen aus Kundenperspektive beleuchtet haben, folgt im nächsten Schritt, sie auch von innen zu analysieren.

Damit erleichtern Sie Ihren Mitarbeitern die Arbeit und schaffen neue Handlungsspielräume. Manchmal gewinnen Sie durch optimierte Prozesse auch erst den Raum und die Kapazität, sich richtig um den Kunden zu kümmern.

Unglücklicherweise ist diese Aufgabe in Unternehmen häufig unbeliebt und wird gerne geschoben. Schließlich gibt es „Wichtigeres" zu erledigen. Lassen Sie uns deswegen etwas ernsten Spaß in die Sache bringen und fragen: „Where is the monkey?"[13]

Schimpansen verbringen zwecks Nahrungsaufnahme fünf Stunden am Tag mit Kauen. Menschen benötigen dafür eine Stunde täglich. Obwohl Schimpansen die stärkeren Kiefer und größeren Zähne haben und damit von ihren Ressourcen her dem Menschen deutlich überlegen sind, ist der Mensch bei der Nahrungsaufnahme schneller und effektiver. Dafür gibt es einen Grund: Der Mensch hat gelernt, Feuer zu machen, und kann seine Mahlzeiten garen. Das erlaubt ihm, mehr Nahrung in kürzerer Zeit zu sich zu nehmen und mehr Zeit für andere Dinge zu haben.

Übertragen wir Evolutionsbiologie auf Organisationsentwicklung von Unternehmen: Das Unternehmen „Schimpanse" hat das technisch bessere Equipment, einen besonderen Standortvorteil und vielleicht besser qualifizierte Mitarbeiter. Doch es kaut fünf Stunden am Tag an internen Prozessen, von denen es deutlich zu viele gibt. Vielleicht kaut es auch daran, dass Prozesse zu unstrukturiert ablaufen. Vieles geht drunter und drüber. Oder es kaut am falschen Kundensegment, das in Relation zum Aufwand zu wenig Ertrag liefert. Es gibt viele Dinge, an denen Schimpansen-Unternehmen „kauen".

Das Unternehmen „Mensch" hingegen verfügt über klar strukturierte Prozesse, arbeitet im richtigen Kundensegment und kaut deswegen nur eine Stunde am Tag an der überlebenswichtigen Nahrung. Den Rest der Zeit kann sich das Unternehmen „Mensch" mit anderen Dingen beschäftigen. Zum Beispiel damit, noch mehr Ertrag zu erwirtschaften, Prozesse zu optimieren, weitere Kundensegmente zu erschließen oder in Zukunftsszenarien zu investieren. Was passiert, wenn wir uns in unserem eigenen Unternehmen, Arbeitsumfeld oder unserer Abteilung umsehen? Wie viele „Schimpansen" sehen wir? Wo sind die zermürbenden, ertragslosen Prozesse? Wo liegt Potenzial brach?

🔗 Hier finden Sie die ganze Geschichte: www.dana-arzani.de/organisationsentwicklung-where-is-the-monkey

**INTERNE PROZESSE
FREE THE MONKEYS!**

Welche internen Prozesse können Sie optimieren?

Wie viele Schimpansen befreien Sie?

Wenn Sie diese Punkte zu Produkten und Prozessen beherzigen, sind Sie ein großes Stück weiter. Vermutlich werden Sie Ihren Mitbewerbern gleich einige Schritte voraus sein. Bleiben Sie dran und bauen Sie Ihren Vorsprung systematisch aus!

Doch damit ist das Ende der Fahnenstange für Ihre Entwicklungsarbeit noch nicht erreicht. Mit Ihren Optimierungen auf Ebene der Produkte und Prozesse haben Sie zunächst einmal nur das geliefert, was der Kunden sowieso erwartet hat. Oder glaubt, erwarten zu dürfen. Richtig begeistern wird ihn das vermutlich noch nicht. Mit dem nächsten Kapitel zeige ich Ihnen, wie Sie neue Maßstäbe setzen und Ihrem Unternehmen das Sahnehäubchen der Kundenzentrierung aufsetzen.

Kundenzentriertes Arbeiten an Produkten und Prozessen bedeutet: Alles ist konsequent aus Sicht der Kunden gedacht und gestaltet.

Zusammen mit echter Menschlichkeit und Beziehungsaufbau investieren Sie damit in die Zukunftssicherheit Ihres Unternehmens.

03/ RAN AN DIE ARBEIT: PERSPEKTIVE WECHSELN!

4/

GUT IST NICHT GUT GENUG. SPARKLE!

LEUCHTENDE KUNDENAUGEN

„Wo gibt's denn so was, dass man dem Chef von so einer großen Firma persönlich die Hand schütteln darf!?",

erzählte ein Kunde mit leuchtenden Augen, als er von einer B2B-Kundenveranstaltung sprach. Und ein paar Sätze später: „Bei meinem vorherigen Lieferanten war das nicht so. Dort hatte jeder Mitarbeiter einen Handlungsspielraum von genau 37 Zentimeter und alles war kompliziert. Mein Kundenbetreuer war zwar ganz nett, aber bei Problemen konnte er mir auch nicht wirklich helfen. Deswegen habe ich die Geschäftsbeziehung auch beendet. Wobei das Produkt schon echt top war." Das Beispiel zeigt drei Dinge: 1. Eine gute oder gar sehr gute Produktleistung reicht nicht, um Kunden zu überzeugen. 2. Ein Mitarbeiter ohne Handlungsspielraum oder Problemlösungskompetenz kann einen Kunden nicht halten. 3. Komplizierte Abläufe strapazieren Kunden.

In kundenzentrierten Unternehmen finden wir einfache Abläufe, fähige Mitarbeiter mit Handlungsspielraum und Problemlösungskompetenz und selbstredend ist die Produktleistung sehr gut.

Allerdings ist damit gerade mal die Nulllinie der Kundenerwartung erreicht. Man liefert damit dem Kunden gerade mal das, was er erwartet. Begeistert ist er dadurch noch nicht und schon gar nicht hat man damit seine Augen zum Leuchten gebracht. Was in unserem Beispiel den Kunden positiv überrascht hat, war der menschliche Faktor, der den Unterschied gemacht hat: Das Gefühl zu haben, dem Unternehmen wirklich wichtig zu sein. So wichtig, dass sogar der Chef ihm persönlich die Hand schüttelt.
Begeisterung entsteht, wenn wir mehr bekommen, als wir erwarten. Wenn wir Menschen begeistert sind, dann leuchten unsere Augen. Dieses Funkeln, das in unseren Augen aufblitzt und das wir

nicht bewusst steuern können, entsteht aus unserem Inneren heraus. Im Englischen steht SPARKLE (engl. sparkle [ˈspaːkl]) für strahlen, funkeln, leuchten, glänzen. Es ist das Strahlen in den Augen der Kunden, das ein kundenzentriertes Unternehmen von einem begeisternden kundenzentrierten Unternehmen unterscheidet.

Ein begeisterndes kundenzentriertes Unternehmen schafft es immer wieder, dem Kunden das Gefühl zu geben, dass er zählt und wichtig ist. Egal, an welchem Punkt seiner Kundenreise er mit dem Unternehmen und insbesondere den Mitarbeitern in Berührung kommt. Es gibt viele Unternehmen, die das an einzelnen Berührungspunkten schaffen, sie bieten zum Beispiel sehr gute Produktleistungen oder ganz besondere Serviceleistungen oder haben außergewöhnliche Mitarbeiter, aber sie handeln in der Regel isoliert und zufällig. SPARKLE ist ein ganzheitlicher Denk- und Handlungsansatz der Kundenbegeisterung.

Damit sind Sie gut für die Herausforderungen der digitalen Transformation und der gern zitierten VUCA-Welt aufgestellt. Das Akronym VUCA steht für die unbeständigen, unsicheren, komplexen und mehrdeutigen Zeiten, in denen wir heute leben. Der Begriff ist übrigens nicht ganz so neu, wie man meinen könnte, er stammt aus dem Militärjargon der 90er-Jahre, also aus der Zeit des Kalten Krieges und seiner multilateralen Verstrickungen.

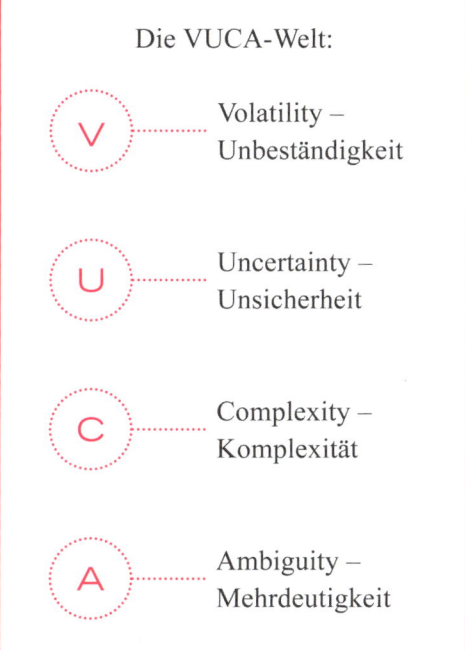

Die VUCA-Welt:

V — Volatility – Unbeständigkeit

U — Uncertainty – Unsicherheit

C — Complexity – Komplexität

A — Ambiguity – Mehrdeutigkeit

Die Strategie, um die VUCA-Welt zu meistern, lautet übrigens auch VUCA, nämlich Vision (Vision), Understanding (Verstehen), Clarity (Klarheit) und Agility (Agilität). Dahinter steckt ein wertvolles Konzept, auch für Wirtschaftsunternehmen. Einige der Ansätze finden Sie in diesem Buch wieder. Allerdings habe ich noch niemanden gehört, der gesagt hat: „Wir müssen VUCA sein." Für mich ist dies ein Indiz, dass das Akronym zu sperrig ist. Wenn etwas zu sperrig für den Alltag ist, sinkt die Wahrscheinlichkeit, dass es gerne oder freiwillig benutzt wird. Sie brauchen aber ein gut funktionierendes gemeinsames Leitbild für die tägliche Umsetzung in der Praxis. Probieren Sie es deswegen mal mit SPARKLE.

SPARKLE ist Kultur.

SPARKLE ist Einstellung.

SPARKLE ist Mehrwert.

SPARKLE ist eine Entscheidung.

SPARKLE macht Kundenzentrierung menschlich.

SPARKLE macht Spaß.

4.1 SIE BRAUCHEN NEUGIER, KÖNNEN, LEIDENSCHAFT UND SINNHAFTIGKEIT

SPARKLE fußt auf vier Elementen, die wie ein Kompass Orientierung geben, wenn Sie menschliche kundenzentrierte Exzellenz erlebbar gestalten möchten. Neugier, Können, Leidenschaft und Sinnhaftigkeit. Betrachten wir die Elemente im Detail.

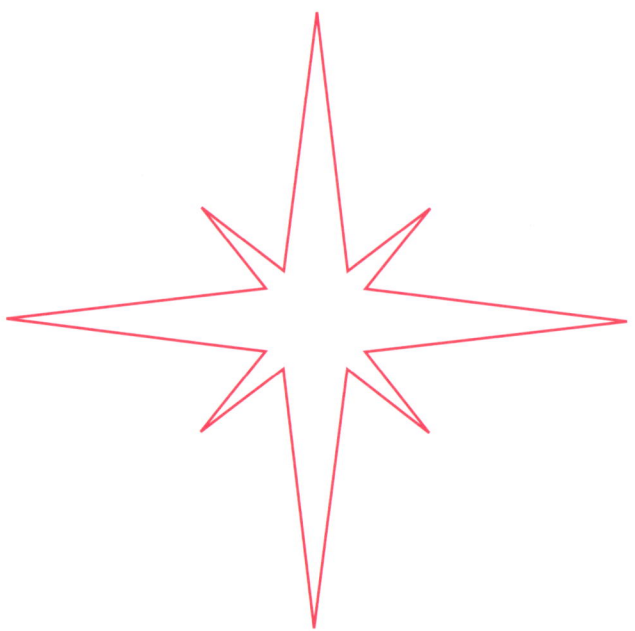

SPARKLE UND NEUGIER

Neugier ist eine wertvolle Emotion, die wir gerade in Zeiten der Veränderung dringend benötigen und die zukunftsentscheidend ist. Neugier aktiviert uns, hält uns wach und treibt uns mit Freude voran.

Neugier ist die Voraussetzung, um Neues zu erleben, Neues zu lernen und Neues zu gestalten. Neugier ist der Motor der Kreativität und des Fortschritts.
Ohne Neugier, kein Interesse, kein Fortschritt. Ende Gelände, das war's dann. Für uns Menschen, für uns Mitarbeiter, für unser Unternehmen und für unsere Kunden.
Wir brauchen Neugier, wenn wir herausfinden wollen, was der Kunde wirklich braucht. Welche Bedürfnisse stecken dahinter? Was kann ich ihm liefern, um ihm Mehrwert zu bieten? Womit kann ich ihn jetzt und heute begeistern? Und mindestens genauso wichtig: Womit kann ich ihn morgen begeistern? Dafür müssen wir unseren Kunden nicht nur neugierig beobachten, sondern auch die Trends und Entwicklungen in unserem Umfeld mit wachen Augen im Blick behalten.
Neugier wird leider noch immer gerne als Luxus und Spielerei abgetan. Neugier hat im rationalen und zahlengetriebenen Umfeld nichts zu suchen, so sagen viele Vertreter der alten Schule. „Für Neugier haben wir keine Zeit. Wir müssen arbeiten.", meinen andere. Grundfalsch. Neugier ist kein Luxus, sondern Notwendigkeit in kundenzentrierten Unternehmen.
Neugier ist etwas Lebendiges und den Lebewesen vorbehalten. Maschinen und Algorithmen sind nicht neugierig. Sie können uns neugierig machen, aber sie selbst sind nicht neugierig. Zumindest bis jetzt. Eine Sache, die es übrigens neugierig zu beobachten gilt!
Und außerdem: Wenn wir als Mitarbeiter neugierig sind und bleiben, haben wir damit schon einen wichtigen Mehrwert gegenüber Maschinen und Algorithmen.

SPARKLE UND KÖNNEN

Wir brauchen Können, das uns vorantreibt. Wir brauchen Können, das sich an Exzellenz orientiert und Exzellenz anstrebt.

Die Unterscheidung zwischen Können, Exzellenz und Perfektion ist wichtig. Perfektion birgt heute mehr denn je zwei gefährliche Fallen: Perfektion zu erlangen bindet wahnsinnig viel Energie, da es Maximierung anstrebt und nicht Optimierung. Und Perfektion ist nicht anschlussfähig. Perfektion kann nichts hinzugefügt werden, jede Veränderung ist per definitionem eine Verschlechterung des Status quo. Mit dem Streben nach Perfektion haben Sie keinen Spaß an der Zukunft mehr. Sie bewahren die Asche, statt das Feuer weiterzugeben. Mit Können und dem Streben nach Exzellenz geben Sie das Feuer gerne weiter. Sie sehen neue Kundenbedürfnisse und veränderte Rahmenbedingungen als willkommene Herausforderung, um Ihr Können weiter auszubauen. Ihr Können erlaubt es Ihnen, souverän mit jeglicher Kundensituation umzugehen und mit dem nötigen menschlichen Gespür ihre Kunden im richtigen Moment emotional zu berühren.

Jeder Mensch hat Talente und Fähigkeiten. Der eine mehr, der andere weniger. Der eine ist fleißig und baut seine Talente und Fähigkeiten stetig aus, der andere lässt sie verkümmern und macht nichts daraus. Der eine kommt voran, der andere nicht.

Menschen mit einem Bewusstsein für ihr Können kennen auch ihre Grenzen und wissen, worin andere einfach besser sind. Das gilt für andere Personen, Unternehmen und Maschinen oder Algorithmen. Riesige Stanzmaschinen zum Beispiel, die viel mehr Kraft haben, als wir jemals aufbringen können. Oder Algorithmen, die viel besser mit großen Datenmengen umgehen können, als es unsere Gehirne jemals leisten können. Echtes Können ergänzt sich und erreicht gemeinsam mehr, als es alleine jemals zu schaffen wäre.

SPARKLE UND LEIDENSCHAFT

Leidenschaft ist eine aktivierende Emotion, die uns unsere Ziele verfolgen lässt.

Wir kämpfen leidenschaftlich für etwas, wir setzen uns leidenschaftlich für etwas ein. Leidenschaft lässt uns weitermachen, wenn die erste Neugier verflogen ist und wenn der Spaß gerade Pause macht. Wenn das Streben nach Exzellenz mühsam ist, weil wir den dreihundertsiebenundachtzigsten Weg gefunden haben, wie etwas nicht geht. Leidenschaft lässt uns den dreihundertachtundachtzigsten Versuch starten und weitermachen. Es gibt keine Exzellenz ohne Leidenschaft. Das, was jeder kann, ist zwangsläufig Mittelmaß. Mittelmaß reicht nicht. Das hatten wir schon. Menschen, die ihre Leidenschaft verfolgen, blühen auf und können unglaubliche Energien freisetzen.

Mitarbeiter mit Leidenschaft für das, was sie tun, sind emotional gebunden und gehen die Extrameile, um den Kunden zu begeistern. Sie geben nicht auf, auch wenn Kundenzentrierung hin und wieder mühsam ist. Mit Leidenschaft finden sie Wege, um neue Kundenbedürfnisse zu wecken oder Kundenerwartungen zu übertreffen.

Aber Achtung, Leidenschaft kann auch destruktiv sein. Nämlich dann, wenn wir einer Leidenschaft blind folgen und unglaubliche Energien investieren in Dinge, Ideen oder Menschen, die uns nicht guttun. In dieser extremen Form kann blinde Leidenschaft für Kundenzentrierung und Kundenbegeisterung die Mitarbeiter ausbrennen und Unternehmen in den Ruin treiben.

Deshalb braucht Leidenschaft immer ein weiteres regulierendes Element: Sinnhaftigkeit. Maschinen und Roboter sind übrigens nicht leidenschaftlich. Sie funktionieren oder sie funktionieren nicht. Wenn sie nicht funktionieren, machen sie Fehler oder eben gar nichts. Das ist ihnen egal. Sie haben kein Bewusstsein und keine Leidenschaft.

SPARKLE UND SINNHAFTIGKEIT

Sinnhaftigkeit ist das übergeordnete und gleichzeitig erdende Element, das Neugier, Können und Leidenschaft in Bezug zueinander setzt, Grenzen aufzeigt und Orientierung gibt.

Neugier ohne Sinn verliert sich. Können ohne Sinn verkünstelt sich und Leidenschaft ohne Sinn läuft Gefahr zu verbrennen. Das gilt für Menschen und Unternehmen gleichermaßen. Unternehmen müssen Wert schaffen und Geld verdienen. Das ist ihre Aufgabe. Aber das sollte nicht ihr Sinn sein. Unternehmen, deren primärer Sinn darin besteht, Geld zu verdienen, ordnen dem alles unter. Das heißt, sie sind eher geneigt, Dinge zu tun, die destruktiv sind, wenn sie dadurch mehr Geld verdienen können. Dann werden Mitarbeiter als Maschinen und Kostenstellen gesehen, die es effizient und möglichst billig zu betreiben gilt. Und Kunden sind Verbraucher, denen möglichst viel Geld mit minimalem Einsatz aus der Tasche zu ziehen ist.

Kundenzentrierte Unternehmen, deren Sinn es ist, ihren Kunden einen wirklichen Mehrwert zu bieten, verdienen Geld, weil sie das, was sie tun, gut, begeisternd und/oder exzellent machen. Wenn sie damit kein Geld verdienen, müssen sie ihre Hausaufgaben machen. Das ist klar. Nur ein gesundes und profitables Unternehmen kann seinen Kunden und auch seinen Mitarbeitern dauerhaft Mehrwert bieten. Erst Sinnhaftigkeit verleiht den Faktoren Neugier, Können und Leidenschaft eine Richtung, gibt Orientierung, wo die Reise hingehen soll, und bewahrt vor Fehlentwicklungen oder destruktiven Auswüchsen.

Besonders kundenzentrierte Unternehmen brauchen also immer eine klare Antwort auf die Sinnhaftigkeit. Damit sie wissen, ob sie etwas anfangen sollen, damit aufhören oder weitermachen sollen und der Falle, dem Kunden alles recht machen zu wollen, entgehen.

> *Neugier lässt uns wach und aufmerksam für den Moment sein, Können ist notwendig, damit wir die Leistung auch faktisch erbringen können, Leidenschaft lässt uns mit vollem Herzen dabei sein und Sinnhaftigkeit lässt uns den Nutzen und Aufwand im Blick behalten.*
>
> *Alles zusammen ist elementar für SPARKLE.*

Damit Mitarbeiter und Unternehmen dauerhaft Kunden begeistern können, braucht es alle Elemente in einer ausgewogenen Ausprägung. Denn SPARKLE ist mehr als Mittelmaß, SPARKLE ist Begeisterung!

Um die Ausprägung der vier SPARKLE-Elemente in Ihrem Unternehmen umsetzbar und sichtbar zu machen, habe ich den SPARKLE-Kompass entwickelt. Der SPARKLE-Kompass ist ein trainingserprobtes visuelles Werkzeug für Mitarbeiter und Unternehmen, um zu einem gemeinsamen Verständnis über interne Faktoren zur Kundenbegeisterung zu kommen. Ziel des Werkzeuges ist es vor allem, eine gemeinsame Gesprächs- und Gestaltungsgrundlage zu schaffen.

DER SPARKLE-KOMPASS
NAVIGIEREN SIE SICH DURCH MENSCHLICHE KUNDENZENTRIERUNG

So geht's:

Wie viel SPARKLE-Potenzial steckt in Ihnen? Wie schätzen Sie sich als Team oder als Unternehmen ein? Überlegen und diskutieren Sie anhand der Orientierungsfragen. Laden Sie ein paar Kollegen ein. Beantworten Sie zuerst die Fragen einzeln und jeder für sich. Dann zeichnet jeder seinen Kompass und trägt seine eigenen Einschätzungen in den Skalen ein. Tauschen Sie sich gemeinsam über die einzelnen Punkte aus. Es ist wirklich wichtig, dass sich zuerst jeder für sich Gedanken macht, denn dadurch erhalten Sie facettenreichere Antworten und letztendlich ein solideres Verständnis innerhalb Ihres Teams. Diskutieren Sie die Ergebnisse in Bezug auf: Was sehen wir gleich, was sehen wir unterschiedlich? Wo sind gegebenenfalls Ungleichgewichte? Was brauchen wir, um in der Skala einen Schritt weiter zu kommen?

Neugier

Wie neugierig sind wir unseren Kunden gegenüber?

Können

Wie viel Können beweisen wir unseren Kunden?

Leidenschaft

Wie leidenschaftlich sind wir unseren Kunden gegenüber?

Sinnhaftigkeit

Wie sinnhaft ist unser Tun für unsere Kunden und uns?

Für Fortgeschrittene:

Führen Sie Kundeninterviews und finden Sie heraus, was Ihre Kunden über Sie denken. Nehmen Sie den Kompass und befragen Sie Ihre Kunden in Bezug auf deren Erlebnisse mit Ihrer Firma.

Unter www.dana-arzani.de/jeder-kunde-zaehlt finden Sie die SPARKLE-Kompass-Vorlage zum Ausdrucken im DIN-Format.

04/ GUT IST NICHT GUT GENUG. SPARKLE!

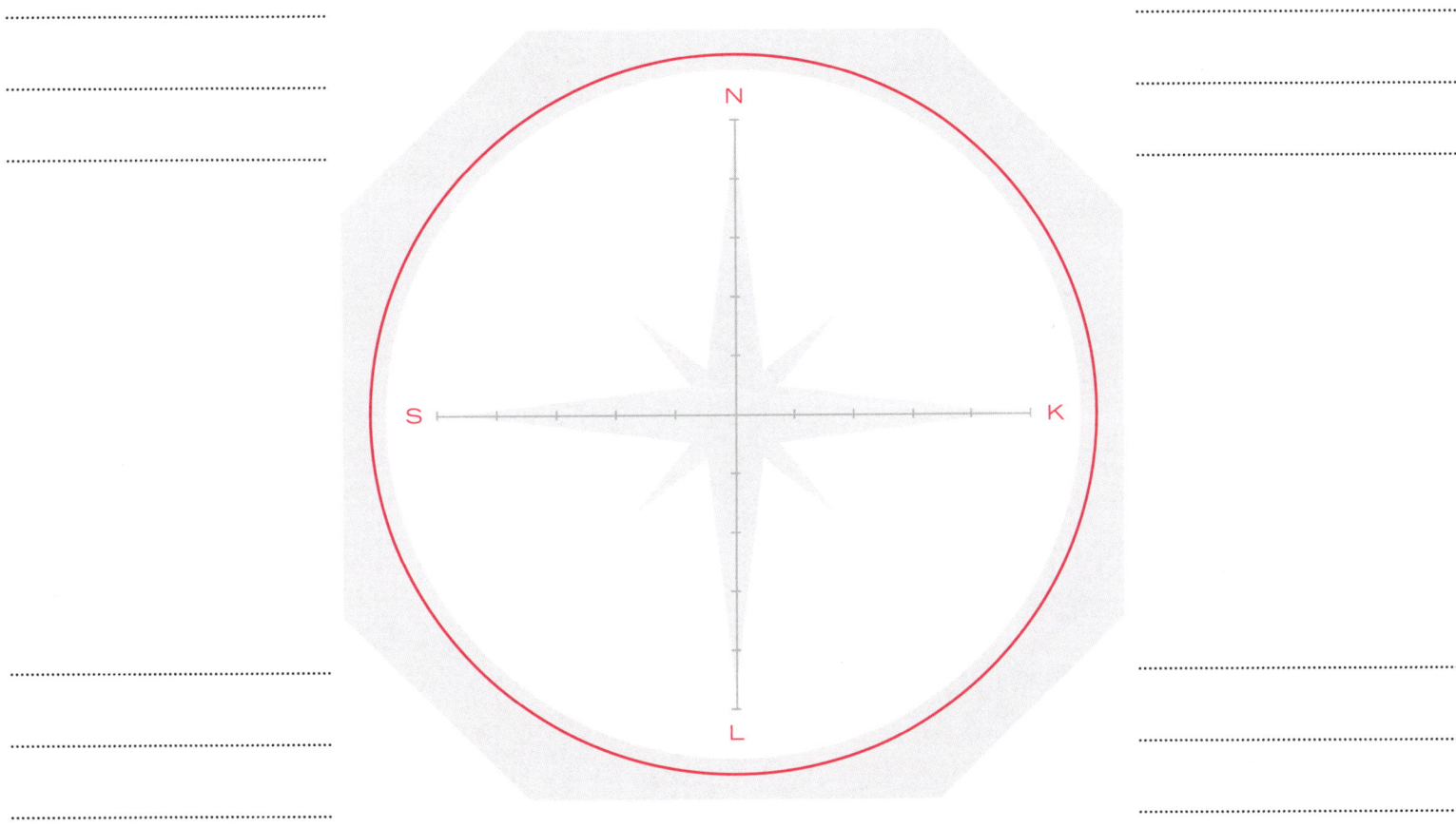

KUNDENZENTRIERUNG MECHANISCH ODER MENSCHLICH?

Alle Prozesse sind effizient und effektiv und laufen wie am Schnürchen. Alles ist austariert und wird ständig verbessert.

Das beste Beispiel für mechanische Kundenzentrierung ist Amazon. Kein Klick mehr als nötig. Customer Obsession nennen sie das dort. Und ja, das spüren wir Kunden. Wir bekommen alles mundgerecht vorsortiert. Die Preise sind günstig und vergleichbar. Die Auswahl ist riesig. Die Produktempfehlungen sind sorgfältig von Algorithmen kuratiert.

Auch echte Kundenbewertungen gibt es, wodurch die Produktauswahl erleichtert wird und der Kaufprozess vertrauensvoller und „menschlicher" wird.
Das alles ist eine Wahnsinnsleistung, die höchste Anerkennung verdient. Aber nach kurzer Zeit nehmen wir Kunden das alles als gegeben hin.
Same Day Delivery zum Beispiel. Morgens bestellt, abends geliefert. In der Großstadt hält sich die Herausforderung in Grenzen, aber auf dem Land ist das eine Sensation. Respekt! Doch die SPARKLE-Leistung von heute ist die Erwartungshaltung von morgen. Heute haben die Kundenaugen geleuchtet, morgen gibt's dafür nur noch ein müdes Lächeln.

Und sollte die Lieferung beim nächsten Mal hinter der Erwartung zurückbleiben, stellt sich auch gleich Empörung ein: „Was, die brauchen zwei Tage Lieferzeit? Unverschämt!" Menschen dürfen Fehler machen, Maschinen nicht. Und bei Menschen honorieren wir auch das Bemühen. Maschinen bemühen sich nicht, sie funktionieren oder eben nicht. Und genau das ist die Krux an mechanischer Kundenzentrierung. Wenn auf Kundenseite Emotion aufkommt, dann nur als kurzes Strohfeuer, das sofort wieder verglüht und jede Art von Nachhaltigkeit vermissen lässt.
Für menschliche Kundenzentrierung habe ich meine zwei ganz persönlichen

Lieblingsbeispiele für Sie. Das erste ist Apple. Auch hier ist alles austariert, die Prozesse schnurren.

Wo immer wir als Nutzer und Kunde mit dem Unternehmen in Berührung kommen, betreten wir eine sorgfältig und streng kuratierte Welt, die uns immer wieder neues Begeisterungspotenzial liefert.

Fans campieren auf der Straße, um die ersten Modelle von einem i-Irgendwas zu ergattern. Unzählige Unboxing-Videos auf YouTube zeigen Kunden mit strahlenden Augen. Warum? Weil Apple ein emotional kundenzentriertes Unternehmen ist, das auf allen Ebenen exzellente Arbeit leistet und über alle Touchpoints hinweg eine Welt kreiert hat, die eigene Maßstäbe setzt. Es geht immer um uns Menschen mit unseren Emotionen, Bedürfnissen und Wünschen. Um den Aufbau von Beziehungen untereinander und natürlich mit der Firma. Wir können Teil der Apple-Community sein oder eben nicht. Wie überall ist das auch hier unsere freie Entscheidung. Dein Handy verbiegt sich in der Hosentasche? Tut uns leid, das kann passieren, weil es so dünn ist. Wir arbeiten bereits daran. Wir schicken dir ein neues. Dein Handybildschirm ist bei Kälte zerrissen? Entschuldigung, das ist das erste drucksensible Display. Wir beheben den Fehler. Wir reparieren dir das. So lange bekommst du ein Leihgerät. Apple-Produkte sind großartig, aber nicht perfekt. Uns Kunden macht das nichts. Unsere Beziehung hält das aus. Fehler passieren. Schließlich arbeitet Apple daran, immer etwas Neues für uns zu entwickeln. Etwas, das uns Spaß macht oder unser Leben vereinfacht. Quasi nebenbei werden wir in einen Sog von Produkten, Apps und Cloud-Services gezogen, der es uns schwer macht, den Kosmos wieder zu verlassen. Jeden Tag wird daran gearbeitet, unseren Customer Lifetime Value zu erhöhen.

Und ja, sie verdienen Geld damit. Sehr viel sogar.

Mein anderes Lieblingsbeispiel für menschliche Kundenzentrierung ist Disney, genauer gesagt deren Freizeitparks. Das sind höchst professionelle Entertainmentmaschinen mit beeindruckender Inszenierung über alle Touchpoints hinweg und in einer Komplexität und Detailgenauigkeit, die allerhöchsten Respekt verdient. Sie managen die Mitarbeiter-Kunden-Interaktion auf einem hochgradig individuellen Level. Ich habe noch nirgendwo so viele freundliche, rücksichtsvolle, aufmerksame und gleichzeitig unterhaltsame Mitarbeiter an einem Ort gesehen wie in diesen Freizeitparks.

Egal, wie voll es im Park ist, egal, wie warm es den Mitarbeitern in den Kostümen bei 30 Grad im Schatten ist: Wenn ein Mitarbeiter im Park „on stage" ist, dann ist er das mit vollem Einsatz und wachsamen Augen. Jeder Mitarbeiter oder cast member, also Darsteller, ist verantwortlich für das Gesamterlebnis im Park und achtet auch auf die menschlichen Details. Das Kind, dessen Eis gerade auf den Boden gefallen ist: „Schau mal, Schätzchen, hier habe ich neues Eis für dich." Der ältere Herr, dem nach der Attraktion im Turm etwas wackelig zumute ist: „Wenn Sie möchten, können Sie sich einen Moment hier hinsetzen." Die vergnügte Mittdreißigerin in bühnenreifem Cinderella-Outfit mit auftoupierten, blondierten Haaren: „Hey Cinderella, bekomme ich bitte ein Autogramm?" Oder einfach nur der Zuruf im Vorbeigehen: „Großartiger Tag heute und nicht so voll. Das ist gut für Sie, da können Sie noch mehr erleben. Viel Spaß!"

Das sind scheinbar zufällig kreierte Momente menschlicher Interaktion. Genau diese Details machen den Unterschied und lassen die ohnehin schon leuchtenden Augen noch mehr strahlen.

Du kannst als Kunde nicht genug bekommen? Kein Problem: übernachte in einem unserer Hotels, frühstücke mit Mickey Mouse und du darfst sogar noch eine Stunde früher in den Park und abends eine Stunde länger bleiben. Wir gestalten magische Momente. So magisch, dass sich erwachsene Menschen unsere Mickey Mouse tätowieren lassen. Hat jemand schon mal ein Amazon-Tattoo gesehen? Das unterscheidet menschliche Kundenzentrierung von mechanischer Kundenzentrierung.

Das waren nun ganz persönliche Beispiele, basierend auf meinen Erfahrungen und langjährigen Beobachtungen als Kundin oder Gast des Unternehmens.

Beide Unternehmen arbeiten auf einem extrem hohen Niveau und haben natürlich auch Schattenseiten, doch darum geht es an dieser Stelle nicht. Es geht darum, dass Sie für sich entscheiden: Welchen Weg der Kundenzentrierung wollen wir einschlagen?

Mechanisch oder menschlich? Also, ich bin für menschlich. Das macht in meinen Augen viel mehr Spaß!

4.2 SO GESTALTEN SIE MOMENTE POSITIVER ÜBERRASCHUNG

Das hören oder lesen wir von unseren Kunden, wenn wir ihnen wirklich weitergeholfen haben. Würden wir sie dabei von Angesicht zu Angesicht sehen, würden wir auch das Leuchten in ihren Augen wahrnehmen. Das ist der Stoff, aus dem Geschichten sind.

Die Aufgabe ist, das Kundenerlebnis idealerweise über alle Kundenkontaktpunkte hinweg konsistent und begeisternd zu gestalten. In Fachbegriffen formuliert: Designen Sie die Customer Experience über die gesamte Customer Journey an allen Touchpoints.

Mit der Methodik STEP4SPARKLE können Sie Schritt für Schritt die Kundenkontaktpunkte in Ihrem Unternehmen optimieren und begeisternd gestalten.

DIE METHODIK STEP4SPARKLE

STEP4SPARKLE – SO GEHT'S

STEP 1: Dream out loud

Es geht ums Träumen, Brainstormen und Sammeln. Und zwar nicht allein im stillen Kämmerlein, sondern zusammen im Team und im kreativen Austausch. Dream out loud. Und natürlich zu hundert Prozent aus der Perspektive des Kunden heraus! Wie sähe das ideale Kundenerlebnis aus? Was wären wundervolle SPARKLE-Momente oder SPARKLE-Highlights? Jede Idee zählt. Jeder Gedanke zählt. Hier gibt es kein Richtig oder Falsch, kein Realistisch oder Unrealistisch. Hier sind Visionen gefragt. Es geht darum, ausgetrampelte Pfade zu verlassen, die Gedankentüren weit aufzureißen und mit wachen Sinnen so viele Ideen wie möglich zu generieren.

STEP 2: Reality Check

Es geht darum, zu sortieren, zu gewichten und zu entscheiden. Auch dieser Step passiert im Team, im Austausch und mit vollem Engagement. Dabei hilft Ihnen das Template Ideenpool & Umsetzungspool aus Kapitel 3.4. Wenn es Bedenken gibt, dann ist jetzt der Zeitpunkt, sie zu äußern. Und zwar nicht als K.-o.-Formulierung, sondern auf eine diskussionsbereichernde Art und Weise.

Am Ende dieses Steps steht ein tragfähiger und motivierender Plan, der vom gesamten Team getragen wird. Ohne Wenn und Aber. Dieser Plan darf keineswegs der kleinste gemeinsame Nenner sein. Denn das Ziel ist immer noch SPARKLE. Planen Sie sportlich und realistisch.

STEP 3: ~~Wish~~ Do!

Hier geht es um Umsetzung, Umsetzung und nochmals Umsetzung! Das ist akribisches Handwerk. Daran führt kein Weg vorbei. Da gibt es auch keine Abkürzung. Es wird Fortschritte geben und es wird Rückschritte geben. Das ist normal und gehört dazu.

Die Tücke, die Chance und der Kopierschutz stecken im Detail. Wenn es jeder könnte, würde es jeder machen. Jeder Mitarbeiter zählt! Jeder Meilenstein zählt! Jeder Kunde zählt!

Dieser Step braucht Zeit. Daher ist es so wichtig, dass Sie in STEP 2 ausreichend Milestones setzen, damit Sie die Fortschritte erkennen und diese natürlich feiern können.

STEP 4: Control & Energize

Es geht darum, zu überprüfen, zu erhalten und zu vertiefen. Gemeinsam als Team und co-kreativ. Durchaus kritisch und hinterfragend und gleichzeitig offen für neue Möglichkeiten und Verbesserungen. Welche Geschichten erzählen unsere Kunden derzeit über uns? Wie sieht das Kundenerlebnis nun aus? Welche SPARKLE-Momente kreieren wir? Welche Wirkung zeigen die Maßnahmen in den Hard Facts? Nehmen Sie sinnvolle Zahlen in die Hand und prüfen Sie für sich genau: Wovon brauchen wir mehr? Wovon weniger? Womit hören wir auf? Bevor Sie sich entscheiden, mit etwas aufzuhören, überprüfen Sie sicherheitshalber nochmals, ob Ihre Erwartungen realistisch waren.

Zu STEP 4 gehören unbedingt auch folgende Fragen: Brauchen wir eine Pause, um den Status zu erhalten? Wollen wir etwas vertiefen? Oder, weil es so schön war, starten wir noch mal mit STEP 1: Dream out loud und gehen auf den nächsten Level? All dies entscheiden Sie im Team.

Kennen Sie die Regeln? Dann brechen Sie die Regeln!

Nicht kopieren, sondern inspirieren!

Lernen Sie die Kunst der Inszenierung!

CUSTOMER JOURNEY MAP
DIE LANDKARTE DER KUNDENREISE

So geht's:

Choreografieren Sie gezielt Begeisterungsmomente und gestalten Sie dadurch ganz besondere Kundenerlebnisse, mit denen Sie die Augen Ihrer Kunden zum Strahlen bringen.

Was ist Basisleistung, was ist Erwartungsleistung und was ist SPARKLE-Leistung? Während des STEP4SPARKLE-Prozesses liefert Ihnen die Customer Journey Map mit den Emotionsstadien auf der SPARKLE-Skala zusätzliche Orientierung. Einen Teil der Landkarte der Kundenreise, so die Übersetzung von Customer Journey Map, kennen Sie schon aus Kapitel 3.4 (Seite 160-161). Hierbei ging es darum, die Stör- und Reibungspunkte des Kundenerlebnisses unter dem Aspekt der Prozesse zu optimieren.

Jetzt geht es darum, das Kundenerlebnis nicht nur reibungslos, sondern begeisternd zu gestalten.

Basisleistung ist der Teil der Leistung, der vom Kunden als absolutes Minimum angesehen wird.

Erwartungsleistung ist das, was der Kunde aus seiner Erfahrung heraus von Ihnen erwartet.

SPARKLE-Leistung ist das, womit Sie ihn begeistern. Denken Sie dabei an materielle Möglichkeiten über Produkte, Prozesse und Erlebnisse und an immaterielle Möglichkeiten über echte menschliche Interaktion. Für materielle SPARKLE-Möglichkeiten planen Sie x,- Euro ein, immaterielle SPARKLE-Möglichkeiten gibt's für null Euro.

Unter www.dana-arzani.de/jeder-kunde-zaehlt finden Sie die Customer-Journey-Map-Vorlage zum Ausdrucken im DIN-Format.

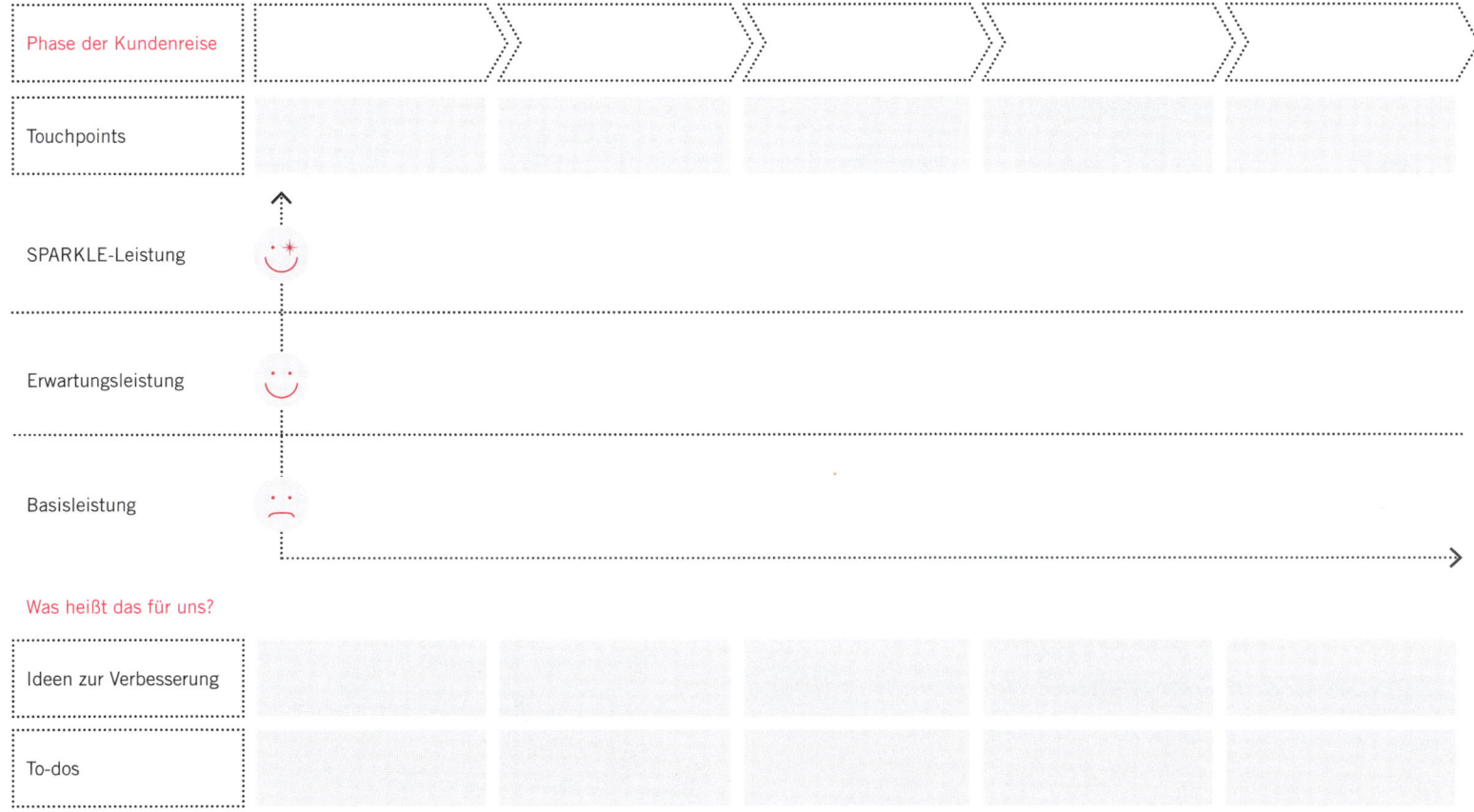

Tipps zu STEP4SPARKLE:

Wählen Sie einen überschaubaren Zeitrahmen für die Umsetzung, damit das Projekt seine Dynamik behält.

Positionieren Sie das Projekt ganz oben auf Ihrer Agenda und treiben es konsequent voran. Kundenzentrierung ist Führungsaufgabe! Damit ist nicht ausschließlich hierarchische Führung gemeint, sondern jemand, der Führung übernimmt.

4.3 SPARKLE HEUTE UND MORGEN

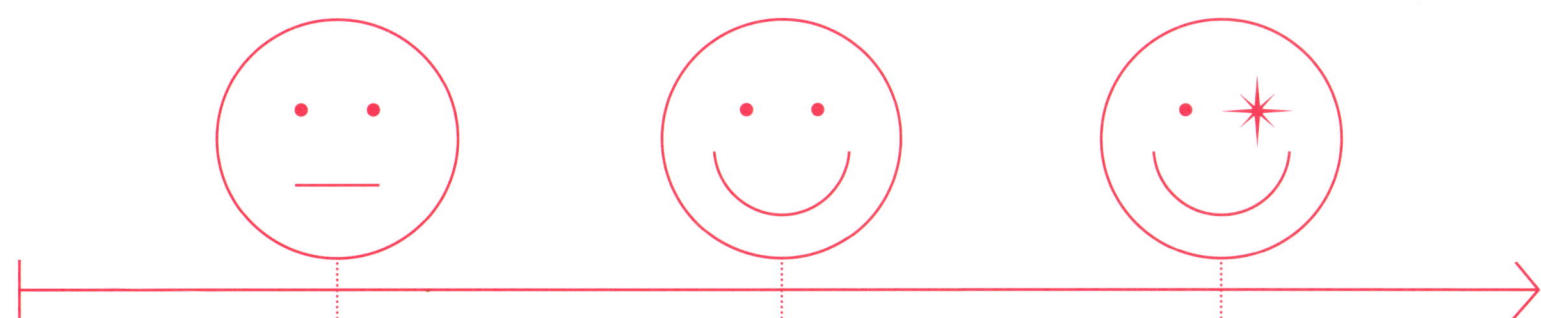

WAS GENAU BEGEISTERT IHRE KUNDEN?

"Wir gehen seit Jahren in dieses Hotel, weil der Mann, der das Frühstück macht so nett ist", schwärmte ein befreundetes Ehepaar über eine besondere Servicekraft eines Hotels.

Das Hotel war zwar gut gelegen, aber es gab im Umkreis von ein paar Hundert Metern mindestens drei Häuser, die deutlich moderner und schicker waren. Und, nur der Vollständigkeit halber, darüber hinaus in derselben Preiskategorie lagen. Von außen betrachtet wären die anderen Häuser also die deutlich bessere Wahl.

Nicht für dieses Ehepaar. Es ist das Gefühl beim Frühstücksbuffet, das sie zum Strahlen bringt und seit Jahren loyale Hotelgäste sein lässt.

Gefühle sind die einzigen Erlebnisse, die unsere Augen immer wieder zum Leuchten bringen, auch wenn wir sie erwarten. SPARKLE-Momente über Gefühle haben Bestand. Sie intensivieren sogar die Beziehung. Begeisterungsmomente über Leistungen nicht. Sie nutzen sich ab. Das, was uns heute begeistert, ist morgen Erwartungsleistung und kann übermorgen sogar schon Basisleistung sein. Deswegen unterscheiden wir materielle SPARKLE-Leistungen und immaterielle. Damit Sie auch morgen Ihre Kunden gezielt begeistern können.

Immateriell:
Die Hotelgeschichte von eben ist ein gutes Beispiel dafür. Freundlichkeit, Aufmerksamkeit, echte menschliche Kunden-Mitarbeiter-Interaktion mit hoher Begegnungsqualität nutzen sich niemals ab. Je digitalisierter, technischer und schnelllebiger unser Umfeld wird, desto stärker wird unser Bedürfnis nach Menschlichkeit.

Materiell:
Machen wir einen Exkurs in die Automobilbranche und drehen wir die Zeit zurück, als die Automobilwelt noch halbwegs in Ordnung war. Nehmen das Produktmerkmal „elektrische Fensterheber". Das war eine kleine Sensation zu der Zeit, als alle

Fensterscheiben noch mühsam per Handkurbel bewegt werden mussten. Dann kamen die elektrischen Fensterheber in den ersten Premiummodellen. Genial. Aufpreis X, egal. Die Dinger musste man haben. Ein Begeisterungsmoment. Einige Jahre später: „Wie, bei diesem Mittelklassemodell kann man keine elektrischen Fensterheber bestellen? Warum?" Das Merkmal war keine Leistung mehr, mit der man begeistern konnte, sondern war zu einer Erwartungsleistung geworden. Aber immerhin noch eine, die bezahlt wurde. Noch ein paar Jahre später fragte kein Mensch bei einem Kleinwagenkauf mehr nach elektrischen Fensterhebern. Geschweige denn, dass man bereit gewesen wäre, auch nur einen einzigen Cent extra dafür zu bezahlen. Das Merkmal war zu einer erwarteten Basisleistung geworden.

Diese Entwicklung können Sie mit jedem beliebigen Produktmerkmal in jeder beliebigen Branche über jeden beliebigen Zeitraum durchspielen. Mal dauert es länger, mal geht es schneller. Der Mechanismus ist jedoch immer derselbe.

Der Mechanismus gilt auch für Serviceleistungen, wie im Beispiel von Amazon beschrieben. Heute Begeisterungsleistung, morgen Erwartungsleistung.

Genauer hinsehen sollten wir bei Erlebnissen. Liefern Sie ein Produkt plus Erlebnis oder liefern Sie primär ein Gefühl, und das Produkt ist nur das Vehikel dafür? Produkte plus Erlebnisse haben eine deutlich kürzere Halbwertszeit und nutzen sich schneller ab als Erlebnisse, die Gefühle liefern.

Wechseln wir in die Modebranche. Ein Beispiel: Die Kundin kauft in einer Premiumboutique den schwarzen Rock, weil er gerade „in" ist und es in der Boutique immer ein Erlebnis ist einzukaufen. Sie kauft also den Rock plus Erlebnis.

Die andere Kundin kauft den gleichen schwarzen Rock, weil es immer ein Erlebnis ist, in der Boutique einzukaufen, sie das Gefühl mag, unter Freundinnen zu sein, und sie sich damit Zugehörigkeit und Unterhaltung kauft. Für sie ist der Rock Mittel zum Zweck. Solange die Boutique ihr das Gefühl gibt, wird sie etwas kaufen. Die andere Kundin nicht.

Wenn das In-Kleidungsstück nicht da ist, wird sie nicht kaufen. Die ursprüngliche Begeisterung über das Erlebnis beim Kauf wird spätestens beim übernächsten Besuch zur Erwartungsleistung.

Und nein, es ist nicht so, dass dieser Mechanismus nur bei Frauen funktioniert. Gehen wir klischeehaft zurück zum Auto. Der eine Kunde kauft das Elektroauto der Marke XY, weil es das einzige auf dem Markt mit einer relevanten Reichweite ist. Der Kauf ist ein Erlebnis. Das Fahren auch. Der andere Kunde kauft das Elektroauto der Marke XY, weil er das Gefühl mag, ein Trendsetter zu sein. Der erste Kunde bleibt so lange, wie der Hersteller die größte Reichweite hat. Das Kauferlebnis hat er mit dazubekommen. Das wird das zweite Mal nicht anders sein. So seine Vermutung, so seine Erwartungshaltung. Der zweite Kunde bleibt, solange er das Gefühl hat, mit seinem Auto ein Trendsetter zu sein. Er hat ein Gefühl gekauft, das Produkt ist wiederum nur das Vehikel dafür.

Auch die Hotelgäste aus unserem Eingangsbeispiel kaufen ein Gefühl mit Produkt. Wenn die Servicekraft beim Frühstück nicht mehr da ist, werden sie höchstwahrscheinlich auch nicht mehr kommen. Es sei denn, das Hotel schafft es, das Gefühl, das die Servicekraft vermittelt hat, auf das gesamte Hotelerlebnis zu übertragen. Genauer gesagt: die immateriellen SPARKLE-Momente nicht von einer einzigen Person abhängig zu machen, sondern sie systematisch über den gesamten Hotelaufenthalt hinweg zu gestalten und zu kuratieren.

Sie sind hierbei schon einen Schritt weiter, wenn Sie STEP4SPARKLE einmal durchgearbeitet haben. Das heißt, Sie haben angefangen, SPARKLE systematisch zu gestalten. Achten Sie dennoch darauf: Besonders die materiellen SPARKLE-Leistungen von heute werden rasch zur Erwartungsleistung von morgen.

Denn die Rahmenbedingungen ändern sich, technischer Fortschritt macht Dinge möglich, die vorher nicht möglich waren. Unsere Kunden erleben in anderen Branchen andere Dinge und übertragen sie auf unsere Branche, damit verändern sich Erwartungshaltungen kontinuierlich.

ZUKUNFTSWORKSHOP
STEP4SPARKLE NEXT GENERATION

So geht's: Wir können die Zukunft zwar nicht vorhersehen, aber wir können Sie mitgestalten. Mit STEP4SPARKLE stellen Sie die Weichen für die Zukunftsfähigkeit Ihres Unternehmens. Wie können Sie sich kontinuierlich selbst erneuern, neugierig und wachsam am Puls der Zeit bleiben, damit Sie auch morgen Ihre Kunden noch wertschöpfend begeistern? Starten Sie mit STEP 1: Dream out loud. Tipps zum Zukunftsdenken finden Sie auf den beiden folgenden Seiten. Außerdem brauchen Sie:

SPARKLE-Kompass morgen
Wie können wir unsere Neugier befeuern, wie unser Können weiterentwickeln, woher bekommen wir noch mehr Leidenschaft und wie können wir noch mehr Sinnvolles tun? Was kommt danach? Wie sieht der nächste Schritt aus?

Empathy Map morgen
Sehen Sie sich die Kundenbedürfnisse an. Wie würde die Empathy Map von morgen aussehen? Wenn Sie heute ein Problem lösen, das es morgen vielleicht gar nicht mehr gibt, dann sollten Sie schleunigst den Innovationsmotor in Ihrem Unternehmen anwerfen.

Customer Journey Map morgen
Wie sieht eine begeisternde Customer Journey in Zukunft aus? Wie können Sie auch morgen Ihre Kunden begeistern?

Wenn Sie mit STEP 1: Dream out loud fertig sind, geht es danach wie gewohnt mit STEP 2, STEP 3 und STEP 4 weiter. Die Übersicht zur Methodik finden Sie den Seiten 188-189, sowie die zugehörige Beschreibung auf den Seiten 190 und 191.

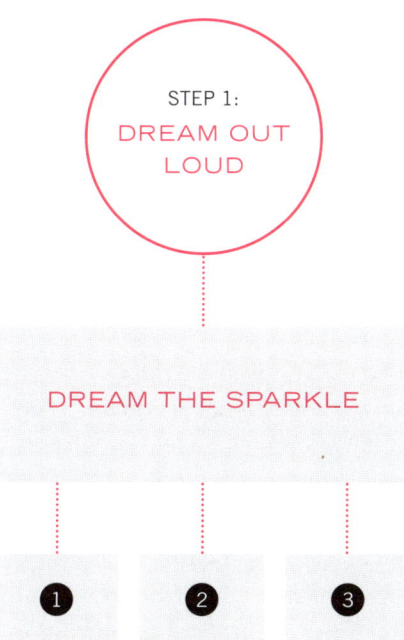

www.dana-arzani.de/jeder-kunde-zaehlt

DENKFALLEN DER ZUKUNFT

Achten Sie darauf, dass Sie nicht an den blinden Flecken Ihres Denkens oder Ihrer Organisation hängen bleiben. Dazu habe ich zwei Geschichten für Sie.

Denkfalle: Aluminium-Effekt

Beamen wir uns zurück ins Jahr 1860. Sie sind ein wichtiger Außenhandelspartner einer einflussreichen französischen Adelsfamilie. Sie werden zum Galadinner eingeladen. Sie reisen extra nach Frankreich. Es erwartet Sie eine prunkvoll gedeckte Tafel, feinstes Geschirr, goldene Schalen und goldenes Besteck. Sie sind beeindruckt. Sie fühlen sich wertgeschätzt, ernst genommen und wichtig. Sie haben das Gefühl, den richtigen Partner an Ihrer Seite zu haben.

So lange, bis Sie erfahren, dass für die wirklich wichtigen Gäste das noch wertvollere Aluminiumbesteck aus der Schublade geholt wird. Denn Ende des 18. Jahrhunderts war Aluminium viel seltener als Gold und damit deutlich wertvoller.[14]

Dieses Beispiel zeigt: Die Art der Statussymbole ändert sich mit der Zeit, nicht jedoch das Konzept der Statussymbole.

Wenn Sie Kundenerlebnisse gestalten, achten Sie darauf, die Wertigkeit der Statussymbole in der Zeit zu treffen. Wie zufrieden wir vorher auch mit etwas waren, sobald wir wissen, dass es etwas Besseres gibt, relativieren wir unsere Bewertung. Streben Sie danach, die Erwartungshaltung Ihrer Kunden zu übertreffen und eigene Maßstäbe zu setzen. Wenn Sie Kundenerlebnisse nach dem A-B-C-Prinzip gestalten, achten Sie unbedingt auf den „Aluminium-Effekt".

Denkfalle: Kolumbus-Problem

Wir alle wissen, dass Christoph Kolumbus Amerika entdeckt hat. Viele wissen auch, dass er eigentlich nach Indien wollte und dabei zufällig in Amerika landete. Was die wenigsten wissen: Kolumbus glaubte bis an sein Lebensende, in Indien gewesen zu sein. Er unternahm zwischen 1492 und 1504 insgesamt vier Entdeckungsreisen in „seinem" Indien.

Tatsächlich war er auf den Bahamas, Haiti, der Dominikanischen Republik und zuletzt in Honduras. Nach dem damaligen europäischen Weltverständnis gab es nur Europa, Asien und Afrika. Er wollte nach Asien, also Indien. Natürlich war er dort. Wo hätte er sonst sein sollen? Er war schließlich ein Experte seines Fachs.

Es brauchte einen italienischen Kaufmann, Amerigo Vespucci, und einen deutschen Kartografen und fünf Jahre, um zu erkennen, dass das vermeintliche „Indien" etwas ganz anderes und „Neues" ist. Amerika.[15] Viele Unternehmen und Mitarbeiter kennen das Kolumbus-Problem aus eigener Erfahrung. Sie haben eine eingeschränkte Sicht auf Märkte, Entwicklungen und Kundensituationen. Und sie glauben, nur weil sie die Experten sind und die Situationen schon x-mal erlebt haben, ist allein ihre Einschätzung richtig. Dabei ignorieren sie Probleme, die sie haben, Unstimmigkeiten, die sich ergeben, und übersehen die Chancen, die sich ihnen bieten. Sie werten ihre Erfahrung und Tradition höher als die aktuelle Beobachtung bzw. als die gerade stattfinden Veränderungen. Amerika? Was soll das sein? Es gibt nur Europa, Asien und Afrika. Künstliche Intelligenz? Das kann nicht funktionieren, wir Menschen sind einzigartig. Der Kunde hat zu Hause kein Internet? Das kann nicht sein. Mein System sagt, an dem Anschluss sind hundert Prozent Leistung verfügbar, also funktioniert das Internet beim Kunden.

Willkommen in Amerika, Kolumbus!

🔗 Die ganze Geschichte dieser Denkfalle finden Sie auf www.dana-arzani.de/denkfalle-kolumbus-problem

Je weiter die Digitalisierung voranschreitet, desto wichtiger ist der Begeisterungsfaktor in der Kundenbeziehung.

Je technischer unser Umfeld wird, desto wichtiger der menschliche Aspekt im Zusammenspiel mit dem Kunden. Alle Zeichen stehen auf SPARKLE!

Setzen Sie mit Ihrem Unternehmen neue Maßstäbe in der nach oben offenen SPARKLE-Skala und bringen Sie so viele Kunden zum Strahlen, wie Sie nur können!

5/

SPARKLE-MOMENTE LIVE

SPARKLE IN AKTION

Jeden Tag arbeiten Mitarbeiter bewusst oder unbewusst daran, das Leben für ihre Kunden besser zu machen und sie zum Strahlen zu bringen.

Dabei können sie häufig gar nicht benennen, was genau sie gemacht und womit sie ihre Kunden erreicht haben. Die gute Nachricht: Sie, Ihre Kollegen und Mitarbeiter haben jetzt ein Wort dafür und ein ganzes Buch voller Möglichkeiten, um Kundenzentrierung in Ihrem Unternehmen menschlich begeisternd umzusetzen: SPARKLE!

In den Unternehmen, die ich berate und trainiere, werden mir viele SPARKLE-Geschichten erzählt. Und noch mehr Geschichten, in denen es zum Schluss heißt: „Dana, da hat es überhaupt nicht gesparkelt! Die bräuchten euch auch mal für ein paar Trainings." Außerdem bin ich Zeugin vieler, vieler SPARKLE-Momente, wenn meine Kunden und Teilnehmer anfangen, das Konzept in ihrem Unternehmen umzusetzen. Das sind wunderbare Erfolgserlebnisse für alle Beteiligten. Gleichzeitig ist SPARKLE auch immer etwas Subjektives, etwas, das uns Menschen in einem Moment besonders berührt oder wo wir viel mehr bekommen, als wir erwartet haben. Und manchmal ist der Grund für einen SPARKLE-Moment auch nur der, dass wir schlichtweg das bekommen, was wir möchten oder brauchen. Im Folgenden gebe ich Ihnen einen Einblick in meine ganz persönliche Sammlung von SPARKLE-Geschichten, und zwar aus meiner Sicht als Kundin. Ich erzähle Ihnen vier Erlebnisse als Privatkundin und eine geschäftliche SPARKLE-Geschichte für einen extra Schub Inspiration auf den letzten Seiten. Viel Spaß beim Lesen!

EIN BLAUER ANZUG

Mit Businessanzügen und Lederjacken verhält es sich bei meinem Mann so wie bei mir mit Schuhen und Taschen. Egal wie viele man hat, es scheinen nie genug zu sein.

So kam es, dass wir eines Samstagmorgens in einer europäischen Hauptstadt bei einem Herrenausstatter nach dem x-ten blauen Anzug Ausschau hielten. Offen gesagt ist es ja oft so: Hat man einen gesehen, hat man alle gesehen. Das gilt sowohl für die Anzüge wie auch für die Herrenausstatter. Es muss also schon einiges passieren, damit ich einen Anzugkauf als so begeisternd empfinde, dass er es sogar ans obere Ende der SPARKLE-Skala schafft. Doch es war nicht der Anzugkauf selbst. Der war wie überall sonst. Zwar einen Tick professioneller und mehr auf den Punkt als in manchen anderen Geschäften, aber das war nicht ausschlaggebend. Das nimmt man als Kunde mit, wenn man es überhaupt wahrnimmt, aber dafür macht man keine Extrarunde in dieses Geschäft. Wofür man eine Extrarunde macht bzw. wofür wir diese Extrarunde gemacht haben, war der Verkäufer. Nennen wir ihn Tom. Tom ist ein exzellenter Verkäufer, Modeberater und Experte seines Sortiments. Aber Tom ist noch viel mehr. Tom ist leidenschaftlicher Tourist und Gourmet in seiner Stadt bzw. in der Stadt, in der er gerade wohnt. Alle fünf bis sechs Jahre hat er nämlich genug gesehen und zieht in eine andere Metropole, die ihn gerade interessiert. Tom sprühte vor Tipps und Geschichten über die Stadt. Orte, die man gesehen haben muss, und Orte, die man links liegen lassen kann. Beste Besuchszeiten für bestimmte Sehenswürdigkeiten und die schönsten Restaurants mit Blick über die Stadt.

Nachdem wir den Laden – selbstverständlich mit neuem Anzug – verlassen hatten, folgten wir Punkt für Punkt Toms nebenbei für uns geplanter Sightseeingtour durch die Stadt. Es war großartig! Wir kommen bald wieder. Aber vorher rufen wir Tom an und fragen, ob er auch da ist. Dann kaufen wir einen Anzug und der Rest wird sich zeigen.

MICHELE AN DER BAR

Wir betraten am späten Nachmittag eine rustikale Hotelbar. Das alteingesessene Haus pflegte eine eher traditionelle Herangehensweise, was das Mobiliar anbelangte. Alles war topgepflegt, aber ein Stil-Update hätte unseres Erachtens nicht geschadet.

Der Mann hinter der Bar sah so aus, als hätte er schon vor der letzten Renovierung dort gestanden. Auf jeden Fall sahen wir, dass er schon lange im Geschäft war. Er begrüßte uns freundlich und kaum saßen wir, hatten wir auch schon die Barkarte und ein paar Snacks vor uns stehen. „Sie sind neu hier, ich habe Sie noch nie hier gesehen. Schön, dass Sie da sind. Und Sie haben so entzückende Kinder." Unsere Kinder, damals noch sieben und neun strahlten, bestellten ihre Cola und kramten in meiner Handtasche nach ihren iPads. Nachdem wir den ganzen Tag Skifahren waren, war das für meinen Mann und mich auch okay. Nicht aber für den Barkeeper, nennen wir ihn Michele. Michele sagte: „Kinder, bei mir an der Bar wird nicht mit diesen langweiligen Geräten gespielt. Ich habe etwas Besseres. Schaut her! Seid ihr schlau?" Unsere Kinder, völlig perplex, schauten den Barkeeper an und antworteten zögerlich: „Ja, klar." „Okay. Beweist es mir! Schaut, das ist die Aufgabe." Und damit legte Michele unseren Kindern ein Bilderrätsel hin. Sie präsentierten Michele schnell die Lösung. „Okay, das war zu einfach für euch. Mal sehen, ob ihr das schafft." Knobelspiele lösten die Bilderrätsel ab. Bald konnten unsere Kinder die Rätsel nicht mehr ganz so schnell lösen, wir übrigens auch nicht. Aber Michele war in seinem Element. Nebenbei hielt er den Barbetrieb am Laufen und versorgte alle Gäste gleichermaßen professionell und individuell.

„Frau Anna, einen Aperol Spritz für Sie wie immer?" „Herr Josef, schauen Sie mal, den Rotwein habe ich extra für Sie reserviert, der sollte ganz nach Ihrem Geschmack sein." „Frau Rosa, fühlen Sie sich heute wieder besser? Sonst mache ich Ihnen einen frischen Pfefferminztee." So ging es Gast um Gast. Waren wir am Anfang noch die ersten Gäste, wurde die Bar innerhalb kurzer Zeit voller und voller. Nun sollte man meinen, Michele hätte mit all den Gästen genug zu tun und müsste sein Entertainment unserer Kinder reduzieren. Weit gefehlt! Er sagte: „Wartet mal, ich mache die Getränke noch fertig und dann habe ich noch etwas für euch." Auf die Knobelspiele folgten Zaubertricks. Es verging Stunde um Stunde. Unsere Kinder haben nicht ein Mal mehr ihre iPads gezückt. Und raten Sie, wo wir am nächsten Abend nach dem Skifahren einkehrten?

Ach ja, wir waren übrigens keine Hotelgäste. Wir wären es gerne gewesen, aber keine Chance. Das Hotel ist über Jahre ausgebucht. Wir stehen auf der Warteliste. Schon lange.

Mit Micheles Zaubertricks glänzen unsere Kinder übrigens heute noch und haben einen Riesenspaß!

BENCHMARK: FINNLAND

Bei einem finnischen Anbieter von Interieur bestellte ich ein paar Gläser und Schalen im Online-Shop.

Dabei entdeckte ich die Schalen, die ich mir schon vorab ausgesucht hatte, auch noch in einer neuen Farbe. Auf dem Foto sah die Schale auch in dieser Farbe ganz nett aus und würde sicher gut zu den anderen passen. Also kamen auch noch zwei meteorgraue Müslischalen in den virtuellen Warenkorb. Das Up-Selling hatte, auch virtuell, schon mal gut funktioniert. Ein paar automatisierte Mails und Tage später klingelte der Paketbote und überreichte mir das Paket. So weit, so normal.

Beim Öffnen des Pakets stellte ich fest, dass die meteorgrauen Müslischalen im Original doch nicht so schön sind wie auf dem Foto, und wollte sie zurücksenden. Leider war eine der Schalen, trotz sorgfältiger Verpackung, bereits beim Transport zerbrochen. Ich war unsicher, was ich tun sollte. Den beiliegenden Rücksendeschein ausfüllen und vermerken, dass ein Artikel bereits zerbrochen war, und dann alles ins Paket packen und zurücksenden? Eine zerbrochene Schale durch die Gegend zu schicken, erschien mir allerdings unsinnig. Und überhaupt: Was ist, wenn ich beweisen muss, dass die Schale schon vorher zerbrochen war? Vor meinem geistigen Auge entwickelte sich eine langwierige, unnötige und zermürbende Prozesskette. Einerseits sicher bedingt durch meinen Beruf. Anderseits durch die seit Wochen durchlebten Erfahrungen bei der Bestellung eines Wasserfilters für die Kaffeemaschine. Wobei alles damit begann, dass mir ein Gastrofilter geliefert wurde, den ich aber für mein Heimgerät nie bestellt hatte. Doch bleiben wir bei dem Finnen.

Ich schrieb eine kurze Mail an den Kundenservice und fragte, was ich tun sollte. Ob ich den zerbrochenen Artikel auch zurücksenden sollte oder nicht. Das war um 10.11 Uhr. Um 10.52 Uhr erhielt ich eine Antwortmail aus Finnland. Keine automatisierte Eingangsbestätigungsmail, sondern eine individuelle Mail eines Kundenberaters – nach weniger als einer Stunde. Nicht schlecht! Die ersten Zeilen lauteten:

„Vielen Dank für Ihre E-Mail. Wir haben Ihnen bereits den Betrag für die zerbrochene Schale auf Ihrer Kreditkarte zurückerstattet. Bitte schicken Sie uns nur noch die andere Schale zurück." Es folgte eine genaue Anweisung, was zu tun war, inklusive Link zu den umliegenden Paketabgabestationen.

Ich gab das Paket noch am selben Tag ab. Bevor ich das Haus verließ, bekam ich eine SMS-Info von meiner Kreditkarte, dass der versprochene Betrag bereits auf meinem Konto gutgeschrieben war. Ohne Wenn und Aber, kein „Schicken Sie uns ein Foto" oder „War das Paket bei der Annahme beschädigt?". Stattdessen ein einfacher, vertrauensvoller und rasend schneller Prozess. Kundenzentrierung at it's best. Und zum Strahlen gebracht haben mich diese Finnen auch. Warum? Weil ich weiß, wie viel akribische Arbeit hinter solch einem Prozess steckt.

Ganz nebenbei haben sie damit auch Maßstäbe gesetzt, an denen selbst das Team aus Seattle noch arbeiten kann.

ENDLICH EIN SONNENSCHIRM

Wir brauchten einen neuen Sonnenschirm. Beim alten war die Mechanik gerissen und er ließ sich nicht mehr öffnen. Leider hatte der Gartenmöbelhändler unseres Vertrauens schon vor Längerem mangels Nachfolge sein Geschäft aufgegeben.

Damit hinterließ er eine Service- und Beratungslücke, die andere Händler nicht so einfach schließen konnten. Die Situation bei uns stellte sich nämlich etwas knifflig dar, unser Sonnenschirm war auf der Terrasse einbetoniert. Idealerweise wollten wir so wenige Umbauarbeiten wie möglich haben. Einen neuen Schirm in die Bodenhülse stecken, fertig, so war unsere laienhafte Vorstellung. So schwierig konnte das doch nicht sein. War es aber doch, wie wir lernen durften. Bei einem Händler sagte man uns, dass man diese Schirme nicht im Sortiment hätte. Andere Schirme bräuchten andere Hülsen. Das wiederum wollten wir nicht. Ein anderer sagte uns, das wäre überhaupt die falsche Hülse für diesen Schirm und deswegen sei er auch kaputtgegangen. So wie es jetzt sei, könne es in gar keinem Fall bleiben.

Eine Alternative bot man uns allerdings nicht an und einbauen würde man den Schirm ohnehin nicht. Der Dritte wollte sich wieder melden. Tat es aber nicht. Kurzum, wir wussten, was wir wollten, kannten unser Problem genauer, als uns lieb war, aber fanden niemanden, der es lösen konnte. Also doch ab ins Internet, Fabrikat und Modellname eingegeben, und da war er, der Nachfolger unseres Schirms. Mit Größenauswahl, Farbvarianten, Lieferzeiten und Preis. Lieferung per Spedition frei Haus. Jetzt hatte ich nur noch zwei Fragen zu klären: Wie nannte sich unsere Wunschfarbe und was sollte ich mit der Bodenhülse machen? Rechts oben auf der Homepage standen groß die Telefonnummer und die Geschäftszeiten der Hotline. Also rief ich Samstagmittag an. Erste Überraschung: Nach dreimaligem Klingeln ging tatsächlich jemand ans Telefon, ohne dass eine Bandansage vorgeschaltet war, und die zweite Überraschung: Der Mann hatte richtig Ahnung. Noch während des Telefonats mailte ich ein paar Bilder der Bodenhülse und unserer Einbausituation und wir klickten uns gemeinsam durch den Webshop. In einer halben Stunde war alles klar, bis auf die Stofffarbe. Wir wussten, dass unsere damalige Farbe nicht mehr im Sortiment war, und hätte es nicht fünf verschiedene Grautöne gegeben, dann wäre die Farbauswahl auch einfacher gewesen. Er schickte mir die fünf grauen Stoffmuster per Post, markierte diejenigen mit einer zweiwöchigen Lieferzeit. „Schauen Sie mal, ob eine der beiden passt. Die andern Stoffe haben acht Wochen Lieferzeit, dann ist der Sommer vorbei", waren seine Worte. Er bereitete mir die Bestellung vor, damit ich mich nicht wieder komplett durch den Shop klicken musste, wenn die Farbe feststand.

Einen Tag später mailte ich ihm, welche Stofffarbe es werden würde, schickte die Stoffmuster per Post wieder zurück und er machte die Bestellung fertig. Die neue Bodenhülse würde er sofort versenden, damit wir diese schon mal einsetzen könnten und alles gut trocknen könnte, bis der Schirm käme. Warum jetzt doch die neue Bodenhülse, fragte ich ihn. Der Hersteller hatte die Konstruktion verbessert und noch stabiler gemacht. Man könne zwar mit einem Adapter arbeiten, aber dann hätte man nach ein paar Jahren dasselbe Problem wieder. Ich war überzeugt. Die wahre Meisterleistung lernt man als Kunde besonders zu schätzen, wenn man bereits andere Erfahrungen gesammelt hat.

Mit dem richtigen Partner, der lösungsorientiert ist und mitdenkt, ist es so einfach.

MEHR ALS STIFTE UND PAPIER

Bei DANA ARZANI brauchen wir für unsere Beratungen, Trainings und Workshops Papier, Stifte und sonstiges Moderationsmaterial in rauen Mengen.

Einige Teilnehmer sagten schon scherzhaft: „Ich glaube, ihr werdet nach Quadratmetern beschriebenen Flipchartpapiers bezahlt." Nein, das nicht. Aber wir glauben an die Wirksamkeit von Co-Kreation und Visualisierung, um das gemeinsame Verständnis zu fördern und dadurch Ziele schneller zu erreichen. Einer, der ebenfalls daran glaubt, ist einer unserer Lieblingslieferanten. Er hat das Thema Kundenzentrierung verinnerlicht wie kaum ein anderer. Seine Produkte halten, was sie versprechen, sie erleichtern uns unser Arbeitsleben und es macht Spaß, damit zu arbeiten. Immer wieder gibt es Neu- und Weiterentwicklungen. Manche sind gut, andere sind gewöhnungsbedürftig. Wiederum andere sind nicht wirklich nötig, aber doch nett, um sie auszuprobieren. Schwarzes Papier zum Beispiel mit Kreide beschriften. Ein Trend. Zwar braucht das meiner Meinung nach kein Mensch, denn nach dreimaligem Benutzen ist die Kreide überall, nur nicht mehr auf dem Papier, aber es macht Spaß und bringt Abwechslung in den Trainingsraum. Derzeit verwenden wir bei uns keine Kreiden mehr. Jetzt gibt es nämlich Acrylmarker, die halten besser als Kreide. Es herrschen also eine permanente Weiterentwicklungskultur im Unternehmen und ein Streben nach Exzellenz. Sowohl bei uns als auch bei unserem Lieferanten. Unser Lieferant weiß auch genau, wer seine Kunden sind. Was sie heute brauchen und was sie morgen brauchen könnten. Also informiert er uns kontinuierlich und überrascht uns immer wieder mit Produktneuerungen. Als Kunde spürt man die Liebe zum Detail.

Läuft immer alles glatt? Nein, natürlich nicht. Es sind Menschen am Werk. Leidenschaft schützt nicht vor Fehlern, aber sie hilft, aus ihnen zu lernen. Trotz aller Sorgfalt bekam unsere Metaplanwand während der Lieferung eine große Delle und wurde damit unbrauchbar. Ärgerlich, aber es passiert. Bedeutet: alte abholen, neue schicken. Fertig. Eine tragfähige Kundenbeziehung hält das aus. Man weiß, was man aneinander hat. Mit diesem Lieferanten erleben wir also SPARKLE über Jahre hinweg. Und jetzt gibt es sogar graue Moderationskarten und Marker in Metallic. Wenn es nun auch noch Metallic-Marker in Pink gäbe, dann würde unsere SPARKLE-Skala nach oben gesprengt werden. ;-)
Die Message: Werden Sie zum Lieblingslieferanten in Ihrer Branche!

SPARKLE on,
Ihre Dana Arzani

Neugierig auf weitere
SPARKLE-Geschichten, Motivationsimpulse
und Schritt-für-Schritt-Anleitungen?
Dann abonnieren Sie den
Newsletter von DANA ARZANI
unter www.dana-arzani.de/newsletter

DANKE

Ich kann es kaum glauben, dass dieses Projekt nun tatsächlich geschafft ist. Rückblickend kann ich sagen, das war das größte Einzelprojekt, das ich bisher gemeistert habe. Selbst die Produktion unserer Online-Akademie war dagegen ein gemütlicher Spaziergang.

Erst wenn man selbst ein Buch schreibt, weiß man, wie viele Menschen tatsächlich an einem solchen Projekt direkt und indirekt beteiligt sind. Mein Name steht zwar vorne auf dem Cover, im Kern ist es jedoch ein echtes Produkt der Co-Kreation. Ohne meine Kunden und Teilnehmer, die ich in unzähligen Beratungen, Trainings und Coachings begleiten durfte, hätte dieses Workbook niemals so entstehen können. Auch nicht ohne die großartigen Leistungen meiner Berater- und Trainerkollegen und vieler Vordenker und Buchautoren. Herzlichen Dank!

Danke auch an meinen Mann und unsere Kinder, die mit mir immer wieder auf „Customer-Experience-Expeditionen" gehen und mit mir, egal wo auf der Welt, neue Erlebnisse und Trends aus erster Hand erleben.

Danke an Stéphane Etrillard, der mich ermutigt hat, endlich ein eigenes Buch zu schreiben. Danke an meine Agentin Ute Flockenhaus! Ohne ihre Expertise und Tipps hätte ich das Projekt nicht durchgestanden. Herzlichen Dank auch an den Hanser Fachbuchverlag mit seinem wunderbaren Team, das mutig genug war, mit der Zusatzfarbe Pink zu drucken.

Besonderer Dank geht an Liane Welzenbach, meine langjährige Wegbegleiterin und kreative Grafikerin. Sie hat aus meinem wilden Manuskript Grafik für Grafik und Seite für Seite geduldig das Workbook gemacht, das Sie nun in Händen halten. Ohne sie an meiner Seite hätte ich zwar von einem Workbook geträumt, es mich aber nie getraut, es zu realisieren. Danke, Liane! Und ich freue mich schon auf das nächste Projekt!

ÜBER DIE AUTORIN

Dana Arzani ist ausgewiesene Expertin für Kundenzentrierung und Entwicklerin des Konzepts STEP4SPARKLE. Mit ihrem Know-how unterstützt sie mittelständische, veränderungsfreudige Unternehmen dabei, ihren Vertriebs- und Unternehmenserfolg zu gestalten.

Als Unternehmerin hat sie in über 20 Jahren von der Unternehmensgründung bis zum Unternehmensverkauf alle Facetten des Unternehmerdaseins durchlebt. Das macht sie zu einer geschätzten Sparringspartnerin auf Augenhöhe.

Mithilfe der von ihr entwickelten Methodik STEP4SPARKLE erarbeitet sie mit ihrem interdisziplinären Team seit 2011 zukunftsfähige Szenarien für den erfolgreichen Kundenkontakt.

Dabei legt sie besonderen Wert auf Transfersicherung, also die tatsächliche Umsetzung im Arbeitsalltag. Die Kunden von Dana Arzani kommen aus den Bereichen Industrie, Handel, Handwerk und Dienstleistung, die Branchen reichen vom Baugewerbe über IT bis hin zu Medizin und Lifestyle.

Zu Forschungszwecken reist sie seit Jahren durch Europa, die USA und Asien und schreibt über ihre Erlebnisse in ihrem Blog, um zum Perspektivenwechsel und Neudenken einzuladen.

Dana Arzani lebt mit ihrem Mann und ihren zwei Kindern in der Nähe von Nürnberg. Sie interessiert sich für Architektur und Design und liebt es, für Familie und Freunde zu kochen.

Foto: Angelika Salomon

Sprechen Sie mit Dana Arzani auf:

QUELLEN/ZITATE

1/ https://www.phrases.org.uk/meanings/106700.html
2/ https://www.franchiseportal.de/wissen-fuer-gruender/glossar/kundenbindung-a-4929.html
3/ Murphy, Emmet; Murphy, Mark: Leading on the Edge of Chaos, Prentice Hall 2002
4/ http://ap-verlag.de/der-schluessel-zur-kundenzufriedenheit/16115
5/ https://www.phocus-direct.de/blog/kundenbindung-wichtige-kennzahlen-fuer-die-optimierung-im-kundenservice
6/ https://www.businesswire.com/news/home/20120111005284/en/RightNow%E2%80%99s-Annual-Research-Shows-86-Percent-U.S.
7/ https://wirtschaftslexikon.gabler.de/definition/service-42239/version-265590
8/ https://www.phocus-direct.de/blog/kundenbindung-wichtige-kennzahlen-fuer-die-optimierung-im-kundenservice
9/ Ebd.

10/ https://www.forbes.com/sites/christinecrandell/2013/01/21/customer-experience-is-it-the-chicken-or-egg
11/ Tomasello, Michael: Eine Naturgeschichte der menschlichen Moral. Suhrkamp 2016
12/ https://www.gallup.de/183104/german-engagement-index.aspx
13/ www.dana-arzani.de/organisationsentwicklung-where-is-the-monkey
14/ Harari, Yuval Noah: Sapiens, Vintage 2014 S. 380
15/ Ebd. S. 319 ff.

LITERATURHINWEISE

- Birkenbihl, Vera: Kommunikationstraining, mvg 2011
- Bliss, Jeanne: Would You Do That To Your Mother?, Portfolio/Penguin 2018
- Carlzon, Jan: Moments of Truth, Harper Perennial 1989
- Cockerell, Lee: Creating Magic, Vermillion 2008
- Dark Horse Innovation: New Workspace Playbook, Murmann 2018
- Dark Horse Innovation: Digital Innovation Playbook, Murmann Publishers 2017
- Disney Institute: Be Our Guest, Disney Editions 2011
- Gray, Dave: Liminal Thinking, Two Waves Books 2016
- Harari, Yuval Noah: Sapiens, Vintage 2014
- Keller, Berhard; Ott, Cirk Sören: Touchpoint Management, Haufe 2017
- Lewrik, Michael et al.: Das Design Thinking Playbook, Vahlen 2017
- Osterwalder, Alexander; Pigneur, Yves: Business Model Generation, Campus Verlag 2011
- Pine II, B. Joseph; Gilmore, James H.: The Experience Economy, Harvard Business Review Press, 2011

LITERATURHINWEISE

- Schüller, Anne: Touchpoints, Gabal 2012
- Sagmeister, Simon: Business Culture Design, Campus 2016
- Slogar, Andreas: Die agile Organisation, Hanser 2018
- Stickdorn, Marc et al.: This is Service Design Doing, O'Reilly Media 2017
- Zukunftsinstitut: Siegeszug der Emotionen, Zukunftsinstitut 2018
- Zukunftsinstitut: Workbook Navigieren, Zukunftsinstitut 2016
- Zukunftsinstitut: Retail Report 2017, Zukunftsinstitut 2016
- Zukunftsinstitut: Retail Report 2018, Zukunftsinstitut 2017

RECHTLICHE HINWEISE

Die Wiedergabe von Gebrauchsnamen, Handelsnamen, Warenbezeichnungen usw. in diesem Werk berechtigt auch ohne besondere Kennzeichnung nicht zu der Annahme, dass solche Namen im Sinne der Warenzeichen- und Markenschutzgesetzgebung als frei zu betrachten wären und daher von jedermann benutzt werden dürften. Alle in diesem Buch enthaltenen Verfahren bzw. Daten wurden nach bestem Wissen dargestellt. Dennoch sind Fehler nicht ganz auszuschließen.

Aus diesem Grund sind die in diesem Buch enthaltenen Darstellungen und Daten mit keiner Verpflichtung oder Garantie irgendeiner Art verbunden. Autoren und Verlag übernehmen infolgedessen keine Verantwortung und werden keine daraus folgende oder sonstige Haftung übernehmen, die auf irgendeine Art aus der Benutzung dieser Darstellungen oder Daten oder Teilen davon entsteht.

RECHTLICHE HINWEISE

Dieses Werk ist urheberrechtlich geschützt.

Alle Rechte, auch die der Übersetzung, des Nachdruckes und der Vervielfältigung des Buches oder Teilen daraus, vorbehalten. Kein Teil des Werkes darf ohne schriftliche Einwilligung des Verlages in irgendeiner Form (Fotokopie, Mikrofilm oder einem anderen Verfahren), auch nicht für Zwecke der Unterrichtsgestaltung – mit Ausnahme der in den §§ 53, 54 URG genannten Sonderfälle –, reproduziert oder unter Verwendung elektronischer Systeme erarbeitet, vervielfältigt oder verbreitet werden.

SPARKLE® und DANA ARZANI® sind eingetragene Marken von DANA ARZANI.